人生没有
第二次选择

REN SHENG MEI YOU DI ER CI XUAN ZE

求真 / 选编

民主与建设出版社
·北京·

© 民主与建设出版社，2014

图书在版编目(CIP)数据

人生没有第二次选择 / 求真选编. — 北京：民主与建设出版社，2014.9

ISBN 978-7-5139-0415-5

Ⅰ.①人… Ⅱ.①求… Ⅲ.①成功心理-通俗读物 Ⅳ.①B848.4-49

中国版本图书馆CIP数据核字(2014)第187722号

人生没有第二次选择
REN SHENG MEI YOU DI ER CI XUAN ZE

出 版 人	许久文
编 者	求 真
责任编辑	程 旭
策 划	学海伟业
装帧设计	李俏丹
出版发行	民主与建设出版社有限责任公司
电 话	（010）59417747　59419778
社 址	北京市海淀区西三环中路10号望海楼E座7层
邮 编	100142
印 刷	北京建泰印刷有限公司
版 次	2014年11月第1版
印 次	2023年4月第3次印刷
开 本	880mm×1230mm　1/32
印 张	9
字 数	180千字
书 号	ISBN 978-7-5139-0415-5
定 价	36.00元

注：如有印、装质量问题，请与出版社联系。

把自己打造成刀

最好的时机	....	003
它合该是千年的树	....	006
做一个湖泊	....	009
用眼睛寻出金子	....	011
一念之间也许天差地别	....	013
承受任何人给予的伤害	....	015
讨孩子喜欢的人	....	019
宽恕自己	....	021
最好的礼物	....	025
把自己打造成刀	....	028
陷　阱	....	031
文明也是一种力量	....	032
无须上锁的心灵	....	035
笑着去面对忧愁	....	038
只有智慧最珍贵	....	043

握住生活的信念

真正试过，才知道自己行不行	049
学会聚焦自己的精力	055
握住生活的信念	058
最初的梦想在哪儿	060
丫头，我们和好吧	064
"姐"和"姐"比	066
欣赏别人对我的欣赏	069
寻找实现梦想的途径	074
给我忠告的好友	077
敞开心胸去结纳音乐	081
学我这样，栽点花	084
成功的源头	086
父亲的那个拥抱	088
我在公园遇见了上帝	090

承认自己的缺点

妈妈，你知道吗	…………	095
做人应该自信	…………	097
成功其实离我们很近	…………	100
快乐和胜利的信念	…………	102
用欲望来驱动	…………	104
登门槛效应	…………	106
成功对你意味着什么	…………	108
神来之笔	…………	112
有始有终，做人的礼节	…………	114
梦想是根会发光的羽毛	…………	117
伊辛巴耶娃的成功	…………	122
锻炼可以塑造强健的身体	…………	125
美丽的谎言	…………	128
承认自己的缺点，寻求改变	…………	131
论苹果的丑	…………	134
你的自信帮助了你	…………	136
换种方式会更好	…………	140

人生没有第二次选择

多给别人一次机会	145
不怕报应的史学家	148
简单的结论	150
成功需要一颗快乐的心	153
人生没有第二次选择	155
最成功的策划	158
学会逆向思维	160
自不量力的我	163
挑出重要的先去做	166
遗憾过后，就是阳光	169
专心走好自己的路	173
有光明就会成功	175
活泼自在便是禅	177
衣服只是包装	179
关爱无私便温暖	182

欣赏自己的优点

或许根本没有那么多或许	....	189
15岁那年的遭遇	....	194
将来能不能立足,全靠自己	....	199
学会换位思考	....	203
学会欣赏自己的优点	....	205
只有赢才会给人自信和动力	....	207
别难过,妈妈	....	210
那一天,离我们还有多远	....	215
大学的那哥们	....	218
永不放弃	....	225
没有人能永远风光	....	227
一颗悬着的心最美丽	....	232
母亲鞋	....	235

我也可以是男主角

感激耻笑才见光明	241
生命在于觉悟	243
我也可以是男主角	246
谁不渴望成功的人生	248
找到那张自己的脸	250
温暖人间的音符	253
充满整个世界的琴声	256
上帝赏赐的西红柿	259
铃兰花	262
燕子飞了又回	265
渣打银行的培训	271
葬花的清洁工	274
无价的赝品	277

01

把自己打造成刀

最好的时机

那年，大学毕业的他，尝试过很多工作，总是感觉不尽如人意。最后，勉强进了一家企业，主管销售英语类的书籍和资料。

工作了近十年之后，他越来越感觉索然无味，干脆辞职回家，租了一间10平方米的公寓，过起了自由自在的宅男生活。在近一年的时间里，他完全依赖看电视过日子，看一部又一部的肥皂剧。

终于又有一天，他感觉电视节目也无聊透了。他出门闲逛时随意溜达到了一家书店，很偶然地，翻到了一本入门级英语对话书，没想到，就是这本薄薄的小册子，从此，让他改变了人生道路。

他把这本书买回去，凭着仅有的一点英语知识，用了3天时间把它读完，一种久别的成就感，忽然涌上心头，枯燥无比的日子，似乎一下子变得有意思多了。于是，他突发奇想，想要挑战一下自己，又跑出去买了《时代》、《新闻周刊》等英语杂志。

这次，他沮丧地发现，几乎有一半以上的单词都不认识。在家里宅了那么久，没有朋友，也没有工作，几乎与世隔绝的他，开始埋头啃各种英文杂志，遇到不懂的单词，他就翻一本花500日元买来的二手英语日语小字典。

最开始，他每看一页书，大约会有50个单词不认识，家里的小字典里查不到，他又没钱买大字典，只好每隔几天，就跑到书店去翻阅大字典。

去的次数多了，他感觉非常不好意思，为了克服羞愧和"入店偷知识"的罪恶感，只好一边躲躲藏藏，一边快速翻阅。没想到的是，这种不平常的查阅方式，反而让他加深了记忆，每个查阅过的单词都能过目不忘。

这种疯狂学习的隐居生活，他整整过了7年。2011年9月份，他抱着试试看的态度，第一次参加托业考试，令人难以置信的是，几乎没做任何准备的他，居然一下子考了970分。当时，他发现考题太简单了，甚至怀疑考官是不是拿错了试卷。

之后，他成了考试专业户，连续50多次参加托业考试，每次的成绩从来没低于过970分，最高时达到990分以上。有记者专门跑来采访他，称他为"英语怪兽"。

不久，又有很多学校慕名找上门来，争相聘请他当英语教师，数十次托业高分，已经足以证明他的学识，也成了他区别于其他英语教师的唯一"利器"。

他就是来自日本的菊池。现年52岁的他，如今成了日本家喻户晓的人物，他的日程表总是安排得满满的，每天忙着办培训班，向学生们教授"宅在家中学英语"的独家"秘方"。利用空闲时间，他还笔耕不辍，撰写了一本《英语也能如此疯狂》的书。

这本书刚刚出版，就受到众多英语爱好者的追捧，那些准备参加托业考试的人，更是人手一册。如今，该书已经连续再版三次，日销量最高时达到2000多册，刷新了英语资料类图书的销售纪录。

喜欢追随菊池的粉丝越来越多，总有人追问他成功的秘诀。对此，菊池喜欢用自己写在书中的一段话来回答："想要学习一门新的语言，无论你13岁、51岁还是91岁，也无论你从事什么职业，年龄从来都不是问题，只要选定目标，坚持不懈，就会一天天靠近成功的彼岸。其实，不仅仅学英语，做任何事都一样，不给懒惰找借口。开始行动吧，此时，就是最好的时机！"

它合该是千年的树

那年我读大一，好不容易从训导处办完事，匆匆忙忙赶着去上课。从普一旁边穿过时，突然有一棵高大的树吸引了我，我从来没看过的，奇妙透顶的树。树皮一层层的，仿佛要脱掉旧衣换新裳一般，拉拉扯扯个没完没了。我不禁停下脚步来，仔仔细细地看上一遍，伸手把一片要掉不掉的树皮扯下来，往书本一夹，又匆匆跑走了。

就是因为看树，被教授说了几句："怎么这么晚才来？""因为……办事情……"我怯虚虚地。"办事重要还是上课重要？"我默默地坐下，鼻头也酸了一下。当然，那堂课说什么我也听不进去，心思乱七八糟的，笔记上涂了几个愤愤不平的字，总觉得有一点点委屈……打开书本，看到那片树皮，顺手便玩弄起来。小心仔细地把皮上的黑渣儿剥掉，干干净净的活像一张纸。我不知哪来的灵感，拿起笔要试试能不能写字，哟！居然能写，而且还好写得很哪！于是我大发奇想，写上几句"扣人心弦"的句子，把软软的树皮掐成桃心形，要不是四周都是男生，我八成会把它送出去的。剩下的树皮被我揉成一团，夹在指间把玩。我又突然联想到家里酱油瓶上的软木塞子，听说可以当橡皮擦用的，不知道这团软树皮可不可以用？

于是摊开笔记簿，试着把那几个字擦掉，舌尖上沾一沾，也居然擦掉了，心里一下子乐得什么似的。那年我还是大一的人哪！

后来在图书馆旁边，也看到了这种树，而且更让我吃惊。简直是不可思议地，满树上浅黄、白，一撮一撮的，那么奇奇妙妙，打从长眼睛也没瞧过。风一来，就东摇、西摆，活像千只万只的小毛刷，也不知道要刷树皮上的老皱纹呢，还是要刷树叶上的灰尘？真搞不懂它！不过，虽然猜它不透，看到千只风中摆动的小毛刷，心里的阴影早就没影了，就算有再多的不愉快，也会被它们刷得清洁溜溜的。我就想，这树到底叫什么名字？应该也有个极令人喜欢的名字才对！该不会叫"木棉花"吧？树上一簇簇地，也很像白白的棉花，摘了填饱夹袄里，怕不缝出好几百件暖和和的冬棉袄哩！于是，我就自作聪明地叫它"木棉花"。

有一天，我和利姐聊天。突然想起那些可爱的小毛刷，我很兴奋地告诉她："图书馆旁边的木棉花看过没？妙绝啦！"她不解地问："图书馆没有木棉花啊——""有啦，花很像棉花，树干会脱皮的那种——""哦，那不叫'木棉花'，那是'白千层'。"我吓了一跳，原来不叫"木棉花"啊！不过，我真是服了，"白千层"，这名字取得多有学问！的确是千层万层的树皮脱也脱不完，的确应该叫"白千层"。可不是嘛，树皮千层，树叶怕不止万层哩！可不是嘛，花也千万层像吊满树上的小毛刷。也不知道哪儿脏了，需要这样的排场？该不是白云的衣裳阴灰了，需要择一个有雨水的天气，彻底地刷一刷吧！瞧瞧那阳光下的云朵多洁白，哦！我几乎要相信，白千层的小刷子是为了刷白云的天地游尘的。哦！多像一个满怀关爱的大男孩，连一粒灰尘也不愿他的白云情人沾着，我几乎感动了。

白千层具有不累积怨恨的美德，所有季节留下的快乐，都会在来春之前脱掉。于是我想到自己——那颗被层层的怨怼包围着的心及心版上愤愤不平的句子……学学白千层，如果脱不掉，就用橡皮擦擦掉吧！写上快乐与感动，我对自己说。

白千层真够潇洒，衣衫不整又边幅不修，但不是脏乱的那一型。朴朴素素的，有着大自然艺术家的气质和真挚地对宇宙白云的关爱。虽然风尘仆仆，却依然保有着久耐风霜的傲然，白千层，合该是千年的树。

白千层软柔柔的树皮，是天生用来写情诗的。我从来没写过如此笔触滑柔的纸，写出来的字，一个个注满着感情。于是我有个奇想，如果我是个男孩子，我要约我的小女孩，找一棵光线最柔的白千层，合撰我们的恋爱史。把雄健的笔力直透过一千层的皮，复印成千本的史书。让树干脱了一千年的皮，还是绝不了版。让人世间流传着一部旷古未有的恋爱史，上卷是白千层与它的白云情人，下卷是我们。于是天上人间，千年万年。

做一个湖泊

一位年老的印度大师身边有一个总是抱怨的弟子。

有一天,他派这个弟子去买盐。

弟子回来后,大师吩咐这个不快活的年轻人抓把盐放在一杯水中,然后喝了。

"味道如何?"大师问。

"苦。"弟子龇牙咧嘴地吐了口唾沫。

大师又吩咐年轻人把剩下的盐都放进附近的湖里。

弟子于是把盐倒进湖里,老者说:"再尝尝湖水。"

年轻人捧了一口湖水尝了尝。

大师问道:"什么味道?"

"很新鲜。"弟子答道。

"你尝到咸味了吗?"大师问。

"没有。"年轻人答道。

这时,大师对弟子说道:"生命中的痛苦就像是盐,不多,也不少。我们在生活中遇到的痛苦就这么多。但是,我们体验到的痛苦却取决于它盛放在多大的容器中。"

所以,当你处于痛苦时,你只要开阔你的胸怀……不要做一只杯子,而要做一个湖泊。

用眼睛
寻出金子

事情是这样的：一名中文系的学生苦心撰写了一篇小说，请作家批评。因为作家正患眼疾，学生便将作品读给作家听。读到最后一个字，学生停顿下来。作家问："结束了吗？"听语气似乎意犹未尽，渴望下文。这一追，煸起学生无比激情，立刻灵感喷发，马上续接道："没有啊，下部分更精彩。"他以自己都难以置信的构思叙述下去。

到达一个段落，作家又似乎难以割舍地问："结束了吗？"

小说一定摄魂勾魄，叫人欲罢不能！学生更兴奋，更激昂，更富于创作激情。他不可遏止地一而再再而三地接续、接续……最后，电话铃声骤然响起，打断了学生的思绪。

电话找作家，急事。作家匆匆地准备出门。"那么，还没读完的小说呢？"

作家莞尔，其实你的小说早该收笔，在我第一次询问你是否结束的时候，就应该结束。何必画蛇添足、狗尾续貂？该停则止，看来，你还没把握情节脉络，尤其是，缺少决断。

决断是当作家的根本，否则绵延逶迤，拖泥带水，如何打动读者？学生追悔莫及，自认性格过于受外界左右，作品难以把握，恐不是当作家的料。

很久以后，这名年轻人遇到另一位作家，羞愧地谈及往事，谁知作家惊呼：你的反应如此迅捷、思维如此敏锐，编造故事的能力如此强，这些正是成为作家的天赋呀！假如正确运用，作品一定脱颖而出。

当停不止不好，但想象丰富非常重要，两位作家，两种认定方式，各有千秋。就像倒着走路的小恐龙，有一天也派上了用场，倒着走的脚印会麻痹敌人。转过身来，谁都有大吃一惊的一面，重要的，是要学会用眼睛寻出金来。

一念之间
也许天差地别

在南极探险的途中，森与队伍失散了，伴随他的只有那少得可怜的行囊和一条属于他的狗。他们艰难地跋涉，不停地用雪擦拭冻僵的皮肤。他们已不知要走向哪，只希望能看到人迹，或者被他们的队伍发现。但行囊里所剩无几的食物让森意识到也许他们挺不到救援队的到来。因为威胁除了体力的不支外，还有来自身边这只同样忍受着饥饿的雪橇犬。这两天他早已感到它的急躁不安，还有夜间那双直盯着他的碧绿的眸子。

终于，所有的食粮已经用完，所有能够找到的任何食物都没有了，森感到他如果再吃雪就会从里到外冻成冰。这时候，他的犬突然向前跑去，在正对着他两米左右的地方转身站住，摆出像狼一般的威胁的姿势。森知道，他和这只西伯利亚雪橇犬的争斗终于来了。森从包里抽出一把备用的砍刀。霎时间，人和犬之间微妙的关系变得异常的尴尬。

对于一个体力不支但手握武器的人和一条有锋利牙齿但筋疲力尽的狗来说，也许人的胜算稍大些。森紧握着刀，脑海里却浮现出与爱犬共度的日子：当他刚迷失于风雪的几个小时里，它可以凭着敏锐的嗅觉找回队伍，但它没有丝毫犹豫地跟随了主人。在诡异静谧的夜晚，虽然饥饿难耐，但它仍然选择了偎依在主人的身旁，警惕地保卫着主人。森突然感到了自然的残忍。当忠诚的动物不得不选择背叛的时候，他宁愿选择宽容。森突然将手中的刀使劲抛向远方。雪橇犬没有放过丝毫机会，起身将森扑倒。森立时感到了无比的绝望，他甚至能感到犬从喉咙里吐出的热气还有它舌尖上的腥味。但惊人的事情发生了，等待森的不是钻心的疼痛和喷涌的热血，却是爱犬用舌头舔着他的脖子，以温暖他冻僵的血管。就在一人一犬相互偎依的几小时后，救援队伍找到了他们。

很多时候我们身边的人像雪橇犬一样不得不背叛。当我们面对这种背叛时，是选择杀戮还是宽恕，一念之间也许天差地别，决定生死。关键在于是否背叛了自己的心灵。

承受任何人
给予的伤害

　　江佩恨透了刚刚过去的这个夏天。七月初，去见朋友的路上，突然被沙子迷了眼睛。那天有风，江佩特地戴了墨镜，天知道那粒沙子是怎样进入她眼睛的，在行人如织的大街上，她被一粒沙子的突然袭击弄得泪流满面狼狈不堪。

　　这还不算，几天后关防盗门，一不小心夹伤了自己的大拇指，直到现在，指甲还是淤青的。

　　这还不算，接着打的回家，把手袋落在车上了。虽然这个城市的报纸上经常有关于好人好事的报道，但那只包以及包里的手机、上千元人民币至今下落不明。

　　这么多不祥之兆，江佩想本命年的霉运应该过去了吧，哪知道这还不算。

　　有一天洗脸，她发现自己脖子上长了一个东西，硬硬的，摸起来有痛感。她去了医院，挂了普外科。医生在她的脖子上摸了半天，神色凝重地告诉她，那东西有可能是淋巴癌，建议她去看血液科。淋巴癌！她懵了。

　　她是飘到血液科去的，挂号，交费，做CT，做淋巴活检，整个过程她的灵魂都出了窍。癌？这怎么可能？有那么一瞬，她怀疑医生故意让她做检查以增加医院创收，但最终排除了这种可能，因为这家医院的医德和医术都是全城最好的。

她飘出医院，打的回家。其实医院离家非常近，只要过两个十字路口。她已经没有力气站在白晃晃的街上等绿灯了，更重要的是，她怕自己会在过马路的时候发呆。发呆是她现在的本能反应，毕竟，不是每个人都有被怀疑得淋巴癌的运气。那天，她把自己关在家里，反反复复地想如果真是淋巴癌怎么办。这是一个她从来没有想过的尖锐的生命课题。脸上打着红格子，由人搀扶着，头发稀疏，带着化疗后的脆弱，躺在医院酒精味扑鼻的病房里，无助地看生命一点点凋零，同时花去大笔金钱，成为亲人的负担，度日如年生不如死……这是她极不愿意的。或者，去乡下租一个院子，呼吸新鲜空气，享受最后的日子。或者，准备两瓶安定，在实在熬不过去的时候香甜地睡去。她并不害怕死亡，因为爷爷跟她说过，人死了就像睡着了一样，没有痛苦。但她还只有24岁，生命正如花朵般绽开，她讨厌死亡。

化验结果要三天后才出来，她本想一个人把三天熬过去，但撑到第一天的晚上就支撑不下去了，她给老家的父母和深圳的男友打了电话。第二天，亲人们赶火车赶飞机来了。她的父母已在五年前离了婚，之后一直老死不相往来，现在他们聚在她的小屋里讨论她的病情，居然轻声细语客客气气起来。男友一直握着她的手,想着法子逗她笑。90岁的老外婆隔几分钟就问一次:"闺女,哪儿不舒服?"他们小心翼翼地回避一切说到"癌"的话题,即使不小心碰到,都配合默契地以"病"代之。他们给她煲营养的鱼头汤。他们让她躺在床上休息。他们关心她的每一个细微的动作。

第三天,一班人马浩浩荡荡去了医院,结果是阴性!正常!医生说那只是个普通的疖子,痛几天就会好的。亲人们的脸上出现了兴奋的油光,隔了三天之后,她重又听到了从街上传来的尘世的喧嚣。那一刻,她有些恍惚了,以至站立不稳歪倒在旁人的身上。她是健康的,真好!出了医院,亲人们立刻兵分两路,去火车站买当天的票,男友也用手机订了下午的飞机票,没有谁提起去买菜,中午饭就叫了外卖,男友付的钱。最先走的是母亲和外婆,虽然她们和父亲乘同一辆车回怀化,却不愿意跟他一起出发,从医院出来的路上他们已经话不投机了。男友最后一个走,他在深圳做钢材生意,最先去的时候说挣十万块钱就回来,现在挣了很多个十万还没打算回来。每一个人离开的时候都对她说:"幸亏不是癌,你自己照顾自己吧!"

当亲人的脚步彻底地消失在楼下,江佩扑在床上哭了。在怀疑得了淋巴癌的时候,她没哭;在躲在角落里看父母争吵的时候,她没哭;在男友一次次让她孤单地等待时,她没哭。但这个下午,这个亲人们陆续离去的下午,她孤单地失望地伤心地哭了。她刚刚遭遇了一场生命的浩劫,她的内心还脆弱不堪,她需要亲人的陪伴,但他们无一例外地选择了疏忽和离弃。眼泪流干的时候,她想清楚了一个问题:每个成年人都有自己的生活,也有无法分担的伤痛,生命的意义就是承受一个接一个的伤害,她还健康地活着,她能够承受任何人给予的任何伤害,这是最重要的。

她把那张化验单放在保险柜里,打定主意要把它留到80岁。

讨孩子
喜欢的人

人际交往最难的是什么，要叫我说，最难的是接近。道理再简单不过了，没有接近，就没有交往，就像没有开花就不会结果一样。

在这上头，作家赵树理可作为我们的榜样。一本书上说，老赵下乡有个经验，不抱不哭的孩子。若一位大嫂怀里抱着个孩子，孩子正在哭着，老赵会接过孩子，一边哄着孩子，一边和大嫂说话，很快就亲热地谈起来了。起初看到这儿，我以为定是写书的人弄错了，该是不哭的抱过来，正哭着的不会去抱。孩子正哭着，你去抱，不是自讨苦吃吗？

过了多少年，我才想通这个道理。写书的人没有弄错，就是抱正哭着的孩子，老赵真是聪明绝顶！

先得作个界定，能抱在怀里的孩子，怕不会超过三岁。这样的年龄，任情任性，无牵无挂，既不会敬重名人，更不会畏惧权贵，哭与不哭，连想都不会去想，全凭他一时的感觉。再从发展的趋势说，正哭着的孩子，不外两种可能，一是继续哭下去，再是慢慢地停下来或戛然而止。孩子哭着，你不负任何责任，因为他原本就在哭着，而一旦不哭了，你就平白地得到一份好处。原本就不哭的孩子，也有两种可能，一是继续不哭，再就是哇的一声哭了。不管他是为什么哭的，都是在你手里哭的，你都会落个"不讨孩子喜欢的人"。

老赵的聪明在于，他选择了孩子处于逆境的时候，给他以关怀。

人际交往的道理也是这样。人生在世，就年龄而言，有少壮与老迈之别，就处境而言，有顺境与逆境之别。就是同样的年龄与处境，境况也会有所不同。平常人，无灾无病，悠游度日，某一天也会遇上个不顺心的事，比如今天和妻子生了气，心情怕就不会和往日一样。总括起来说，人与人只要一比较，就会有逆境与顺境的区别，哪怕这区别很微小，总还是有的。

与人交往，若能在对方处于逆境时给他一点关怀，真是功德无量。若是出于需要才去交往，不管怎样必要，都让人觉得有些势利，两者的不同处在于，逆境时的交往，要的是真诚，而顺境时的交往要的是技巧。不管什么时候，真诚都比技巧高尚，甚至可以说，真诚乃是人世间交往的最大技巧。

宽恕自己

我们大多数人都常常内疚。心理学家洛易·鲍枚斯特的研究发现，一般人每天自责的时间总计约为两小时，其中39分钟是中度至严重愧疚。他说："大致说来，愧疚感饶有裨益，具有很强的自省作用，让人不至于再去做对别人有害或令人失望的事。"不过，如果你曾设法补救，内心的歉疚依然未见减轻，或者对自己能力范围之外的事情引咎自责，那你愧疚就是毫无道理，无异于自我摧残。

纽约市西奈山医疗中心精神压力研究部主任乔琪亚·威特金以为，愧疚感若无法纾解，可能形成沉重压力。那么该怎样祛除愧疚感呢？方法如下：

[设法补偿]

哈洛维一年前就计划出远门去参加朋友的生日庆祝会，到出发前一个月才得悉妹妹也在同一个周末毕业。他说："我不能不出席毕业典礼，只好取消访友之行。朋友没怪我，但是我觉得很不好受。"

他另想办法补偿。"我们甚至另外创造名堂，让我有个专程拜访的理由。这样我可以向对方表示我多么重视友情。"

[能力有限]

特丽莎想起母亲罹患结肠癌病危那一段日子，至今仍怀疑自己曾否恪尽职责。侍疾期间她一直思忖："也许还有我们不知道的新治疗法。"她明了自己无法控制母亲的病势，内心的非理性思考却相反。"我出生以来每一件事母亲都帮我安排妥当，轮到她需要我了，我却救不了她，真是伤心。"

但专家的看法是：我们必须承认自己没有能力操纵一切。刻意求全于事无补，人本来就不是完美的。

[去掉愧疚]

许多人常在他人摆布下产生愧疚感。有些人会因母亲一声故意夸大的叹息而惶恐不安。心理学教授阿基巴德·哈特指出：首先，弄清楚有哪些"愧疚按钮"——就是那些你老是怕处理得不好的事情，诸如工作、教导子女、对朋友"够不够意思"等，再辨别谁会按这些钮。你不是小孩子，对方也不是神明，不见得总是你的错。最后，制定自己的准则：掌控自己的一生。

愧疚感易因隐藏于心而加重,因此,将愧疚公开也是良策。不妨和别人讨论,或引为笑谈。譬如,你常常为了忘记盖好牙膏盖而惭怍不已,但你若能亲口把此事说出,便会察觉这种内疚原来很无聊。

[涤除心障]

如果因往事深感困扰,应仔细看看当前的个人处境。过往的愧疚感之所以重现,大都是因为跟现在的某件事有关联,使你"触景生情"。有一位30岁的广告经理每想起童年往事总会懊悔。她说:"我打破了朋友的东西,就把它藏起来,怕朋友的父母会怪我,现在想起来仍然愧疚不安。"如今她有个女友怀了孕,要求她充当无痛分娩的"教练"。她的工作时间表虽然排得满满的,还是答应了。她说:"如果拒绝,我怕她会认为我自私。"这件事跟隐藏破损的玩具似乎两不相干,其实动机相同:心怀愧疚,怕自己的作为会招致他人不满。专家指出,应只处理眼前的问题,不理会往事。

[不必多心]

夏蓓洛37岁,任职市场研究员,与丈夫感情很好,两个孩子都乖巧，工作也合她志趣。她是否称心愉快？也不尽然。她认为自己身处顺境，别人却事事不如意，因此心怀愧疚。

这种人自以为不该走运，于是躲避成功的机会。要抑制这种自损行为，不妨每做对一件事就替自己记个功，并且弄明白自己的成功不曾导致别人失败。譬如你去欧洲旅游归来，如果有人说了些什么想使你感到不好意思，你要记住，你去旅游并没有妨碍人家出游的机会。

[宽恕自己]

贝薇莉从事校对工作，常因自己不能多陪伴两岁女儿而觉得愧疚。但后来她学会了宽恕自己，知道自己已经尽力而为。"我尽我所能多找机会和女儿一同欢笑，一同跳舞，经常跟她眼神交流，这些都是生活中非常重要的东西。只要能做到这些，其余的我可以谅解自己。"

最好的礼物

你将要远行,孩子。将有一生的岁月等你去走。我送你三句话带在身边。

快乐是一种美德,要保持快乐,孩子。这是我们穷人最后的奢侈,不要轻易丢掉快乐的习惯,否则我们将更加一无所有。

你要快乐,在每一个清晨或傍晚。你要学会倾听万物的语言,你要试着与你身边的河流、山川、大地交谈。在你经过的每一个村庄,你要留下你的笑声作为纪念,这样当多年以后人们再谈起你时,他们也会记得当年曾有一个多么快乐的小伙子从这里经过。

快乐是一种美德。你要把它像情人的手帕一样带在身边。无论你带着多少行李,你也不要把它扔到路边的沟里。即使你的鞋子掉了,脚上磨出了血,你也要紧紧地攥着快乐,不让它离开半天。

快乐是一种美德,孩子,这是因为快乐能够传染。你要把你的快乐传染给你身边的每个人,无论他是劳累的农夫还是生病的旅人,无论他是赤脚的孩子还是为米发愁的母亲,你都要把快乐传染给他们，让他们像鲜花一样绽开笑脸。

孩子，在你经过的每个村庄，人们都会像亲人一样待你，他们给你甘甜的水，给你的包裹里塞满干粮。你就给他们快乐吧，记住，快乐是一种美德，它能让你在人们的心中活上好多年。

不为一朵花停留太久在你的旅途上，孩子，会有许多你没有见过的鲜花开在路边。它们守在溪流的旁边，在风中唱歌跳舞。

不要忽略它们，孩子，我们的眼睛永远不要忽略掉美。你要欣赏它们的身姿和歌声，你要因为它们而感到生活的美好。不管你的旅途多么遥远，不管你的道路如何艰险，你都要和鲜花交谈，哪怕只用你喝点水、洗把脸的时间。

不要看不见满径的鲜花。但我要告诉你，当你沉浸在花香中的时候，不要忘记赶路，不要为一朵花停留太久。你只是一个过路的人，孩子。你要去的是前方，你的旅途依旧漫长。你的鞋子依然完整，你的双眼依然有神，你属于远方，而不是这里。

不为一朵花停留太久。相信这条路的前头还有千朵万朵花在等你。你要知道自己究竟要去哪里，在你没到之前，孩子，不要为一朵花停住脚步。你去的地方是远方，孩子，你要知道，那是很远、很远的地方。

给帮过自己的人一份礼物。

你会在某一天踩着满地阳光到达目的地。孩子，只要你的身体里流着奔腾的热血，只要你举着火把吓退野兽，你就早晚会抵达那个你想要去的地方。那是远方，那是幸福之乡。

就在你打点行装，准备返回的时候，我要对你说，孩子，别忘了为那些帮过自己的人准备一份礼物。

你要记住在旅途上你喝过别人给你舀来的泉水；你吃过别人给你送上的食物，你听过一位姑娘的歌声；你问过一个孩子路；你在一间猎人的屋中度过一个漫漫黑夜。要记住他们，孩子，你要记住这些人的声音、容貌。在你返回前，你要为他们准备好礼物。

你要把几块丝绸、几块好看的石头细心地包好。你要给姑娘准备好鲜花，你要给老人准备好烟丝，你要想着那些调皮的孩子，他们的礼物最好找也最难找。

这些就足够足够了。再带上你在路上看过的风景、听过的故事，再带上你的经历和感触，在燃着火的炉边，讲给他们听。告诉缺水的人们前头哪里有水，告诉生病的人哪种草药可以治病，把你这一路的经验告诉他们，把前方哪里有弯路告诉他们。

这些都是最好的礼物。

不要忘了给帮过自己的人准备一份礼物，孩子，只有这样，你的这次远行才算没有白走。

把自己打造成刀

明媚的三月三如期来临。然而,三月三留给我印象最深的,却不是野外风筝飘飞的轻盈和艳丽,而是奶奶用刀砍树的声音。

"三月三,砍枣儿干……"每到这个时候,奶奶都会这么低唱着,在晴朗的阳光中,手拿一把磨得锃亮的刀,节奏分明地向院子里的枣树砍去。那棵粗壮的枣树就静静地站在那里,用饱含沧桑的容颜,默默地迎接着刀痕洗礼。

"奶奶,你为什么要砍树?树不疼吗?"我问。在我的心里,这些丑陋的树皮就像是穷人的棉袄一样,虽然不好看,却是他们抵御冰雪严寒的珍贵铠甲。现在,尽管冬天已经过去,可是春天还有料峭的初寒啊。奶奶这么砍下去,不是会深深地伤害它们吗?难道奶奶不知道"人活一口气,树活一张皮"吗?我甚至偷偷地设想,是不是这枣树和奶奶结下了什么仇呢?

"小孩子不许多嘴!"奶奶总是这么严厉地呵斥着我,然后把我赶到一边,继续自顾自地砍下去,一刀又一刀……

那时候,每到秋季,当我吃着甘甜香脆的枣子时,我都会想起奶奶手里凛凛的刀光,心里就会暗暗为这大难不死的枣树庆幸。惊悸和疑惑当然也有，但是却再也不肯多问一句。

多年之后，我长大了。当这件事情几乎已经被我淡忘的时候，在一个美名远扬的梨乡，我又重温了童年的一幕。

也是初春，也是三月三，漫山遍野的梨树刚刚透出一丝清新的绿意。也是雪亮的刀，不过却不仅仅是一把，而是成百上千把。这些刀在梨树干上跳跃飞舞，像一个个微缩的芭蕾女郎。梨农们砍得也是那样细致，那样用心，其认真的程度绝不亚于我的奶奶。他们虔诚地砍着，仿佛在精雕细刻着一幅幅令人沉醉的作品。梨树的皮屑一层层地撒落下来，仿佛是它们伤痛的记忆，又仿佛是它们陈旧的冬衣。

"老伯，这树，为什么要这样砍呢？"我问一个正在挥刀的老人。我恍惚地明白，他们和奶奶如此一致的行为背后，一定有一个共同的充分的理由。这个理由，就是我童年里没有知解的那个谜底。

"你们读书人应该知道，树干是用来输送养料的。这些树睡了一冬，如果不砍砍，就长得太快了。"老人笑道。

"那有什么不好呢？"

"那有什么好呢？"老人反问道，"长得快的都是没用的枝条，根储存的养料可是有限的。如果在前期生长的时候把养料都用完了，到了后期，还有什么力量去结果呢？就是结了果，也只能让你吃一嘴渣子。"

我被深深地震撼了。许久许久，我怔在了那里，没有说话。

树是这样，人又何尝不是如此呢？一个人，如果年轻时太过顺利，就会在不知不觉间疯长出许多骄狂傲慢的枝条。这些枝条，往往是徒有其表，却无其质，白白浪费了生活赐予的珍贵养料。等到结果的时候，他们却没有什么可以拿出去奉献给自己唯一的季节。而另外一类人，他们在生命的初期就被一把把看似残酷的刀斩断了甜美的微笑和酣畅的歌喉，却由此把养料酝酿了又酝酿，等到果实成熟的时候，他们的气息就芬芳成了一壶绝世的好酒。

从这个意义上讲，刀之伤又何尝不是刀之爱呢？而且，伤短爱长。当然，树和人毕竟还有不同：树可以等待人的刀，人却不可以等待生活的刀。而且，即使等也未必能够等到。那么，我们所能做的也许就是，在有刀的时候，去承受刀爱和积蓄养料；在没有刀的时候，自己把自己打造成一把刀。用这把刀，来铭记刀爱和慎用养料。

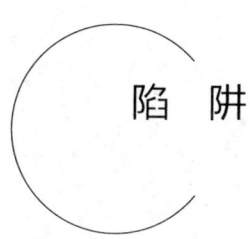

陷　阱

有一次，一个牧羊人说话时无意中得罪了一个人。这个人耿耿于怀，总想找机会报复牧羊人。

他知道牧羊人一直在一个离村子很远的地方放牧，那个地方除了那个牧羊人根本没人去，于是，这个人决定在牧羊人每天必经的路上挖一个陷阱。

一天夜里，这个人动手开挖了。他边挖边幻想着牧羊人掉进了陷阱，不是摔断了胳膊，就是摔断了腿，甚至因为无法逃脱，冻饿而死……就算是牧羊人没掉进来，至少他的羊也会掉进来一两只……

这个人就这样边想象着边挖啊挖，竟然没意识到他挖的坑已经越来越深了。天蒙蒙亮的时候，他终于清醒过来了，但已经晚了，他已无法从自己挖的陷阱里爬出来了。

可见，害人先害己。想拍别人一身土，得先弄脏自己的双手。

文明也是
一种力量

欧洲最北部的国家是挪威,挪威最北端的城镇是洪宁斯沃格,它被称为"欧洲北角",是欧洲大陆北边的最尽头。这里面对巴伦支海,海那边的北棋冰川上,只有北极熊、雪狐、海豹才能生存。

洪宁斯沃格地处丘陵中间,一泓泓清亮似镜的高原湖泊,一片片金黄色的草滩,还夹杂着一丛丛红白相间、不知名字的野花。时值深秋,凄厉的风轻轻掠过,苦涩的雨徐徐飘过,我们已明显嗅到北极冰川肃杀气息。镇上的小旅店大多已关门;成群的驯鹿与终年靠这些驯鹿生活的萨奉人皆已南迁。一周过后,大雪封路,这里便成了旅游禁区。

作为欧洲北角的标志,该镇最北端绝崖上有一座高耸的灯塔。灯塔下,咆哮的巨浪将坚冷的岩石劈打得斑驳苍凉。然而,经过无数沧桑岁月。山还是山,海还是海。

据说,夏天的太阳整日高悬空中,从不沉落。将天体宇宙映照得通红透亮。洪宁斯沃格全镇共有三百六十多人,小镇又分为参差不齐的十几个独具风情的小渔村。这些小渔村非常现代,水电、路桥十分发达。居民们酷爱大自然，关注环保，无忧无虑，悠闲度日。早上散散步，中午钓钓鱼，晚上再听听音乐，每人的眼睛里都透着一种祥和、安逸、诚实的目光。

我怎么也难以想象，这些与世无争、面色朗润的挪威人，当然还要加上瑞典人、芬兰人、丹麦人、冰岛人、一部分英国人，竟是凶残贪婪的维京海盗的后裔。

1200年前，世界最伟大的君主之一——法兰克国王查理曼大帝，有一天早上双眼噙着泪水，望着北方，对部下们说：如何才能使我的子孙，免遭这些维京海盗的袭击？那些不要命的、凶猛剽悍、体魄高大、能耐严寒的野蛮人，以临近欧洲北面的各个荒岛为基地，划着自制的小木舟，成群结队地呼啸上岸，烧杀抢掠。待各王国军队赶来时，他们早已醉醺醺地撤向大海。这种你进我退、你退我进，突如其来、防不胜防的战术持续了多年。欧洲那些养尊处优的君主与主教们实在抵挡不住了，他们决定与维京海盗谈判。

过往的血账一笔勾销，划给他们新的土地，赐予他们更多的钱财，再授予这些船长们一个小国王的王冠与贵族的称号。条件只有一个，就是从此不要再来袭扰他们。

"想当官，杀人放火受招安。"古代中国如此，外国也如此。海盗转眼变成绅士，他们开始从事远洋贸易或航海探险。至今，在北欧各国的博物馆里，还展示着那些曾经令人闻风丧胆的海盗船。从加勒比海到波罗的海，这场野蛮与文明的较量暂时停止了。

来欧洲北角很不容易，要转几次飞机。使馆陪同人员讲，我们是来到此地极少数的中国人。相信不远的将来，中国人的足迹将遍布世界！我更相信，无论他们是因为什么原因出去的，也无论他们出去了多少年，喝了多少年洋酒，他们依然是爱吃中餐，爱舞狮子，爱扎堆，爱在春节时贴上一副吉祥如意的春联。

一天下午，我们与一个北欧国家的渔业部长会谈了很久，下电梯时，看到两个中国留学生站在刺骨的寒风中。看到我们，欢呼雀跃地跑过来拉住我们的手，问长问短。他们是学渔业管理的，学习很苦，生活还好，但却感到闷得慌。一听说祖国来人了，就想来听听乡音。事后我才知道，他们在此已站了整整两个小时。

这也是文明的一种力量。

无须上锁的心灵

那天,我去一个偏远的林区小镇看大学同窗晓薇。

车子在崎岖的山路上颠簸了四五个小时,才把我带到晓薇描述得无限美丽的小镇。到了她的学校,她正在上课。晓薇让我先到她家去休息一下。

我正疲惫着,听明白了去的路,便向她要钥匙。她莞尔道:"去吧,我家没锁门。"

"没锁门?那你家里有人?"我惊讶道。

"没人啊,你放心地去吧。"上课铃声响了,晓薇赶紧走了。

晓薇怎么搞的?家里没人也不锁门,我疑惑不解地朝她家走去。路上问了两个热心人才顺利地找到了晓薇的家。

轻轻一推,外边那扇黑色的大铁门"吱呀"一声开了,往里走,内屋的门也没上锁。

无需上锁,难道这儿已达到了"路不拾遗"的文明程度?我心里嘀咕着,打量起晓薇整洁、简朴的小屋:屋里除了两个惹人注目的大书柜、两张硬木书桌外,唯一的电器就是一台十四英寸的电视了。

晓薇上班不锁门，难道仅仅是因为她的清贫？

晓薇回来时，笑着问我："光临寒舍有何感受？"

"是有点儿'寒舍'的味道。晓薇，你丈夫在县委宣传部上班，你文笔那么好，调到县城该是没多大问题吧？再说，总这样两地分居也不是办法啊。"我关切地问道。

"我和爱人都觉得这样挺好的。"晓薇一脸的幸福。正说着话，左邻右舍听说晓薇来了同学，纷纷送来吃的——鲇鱼、香肠、咸鸭蛋……还有一捆生菜、一碗鸡蛋酱。笑迎那一张张亲切的脸，听着那一句句暖暖的话，我感受着这里的人们对晓薇的尊敬和关心，感受着人与人之间那浓郁的亲情。我不无羡慕道："晓薇，你人缘真好，摊上这么好的邻居。"

"这回你该明白我为何不上锁了吧？"晓薇麻利地拾掇着饭菜。

"家时没人，还是锁上门好。"我想起自己在省城的家，那厚厚的防盗门，左一道保险、右一道机关锁得紧紧的，还经常担忧呢。

"不能锁的，家里常来人。"晓薇轻言道。"常来人？你不在家时，家里还来人？"我更惊讶了。

"对呀，你看，我家有一口宝井呢。"晓薇指着厨房里的压水井自豪道。

"怎么，你们这里还没吃上自来水？"我真有些恍如隔世的感觉了。"快了,明年这个时候就能接上了,我家这口井打得早、打得深,水好喝,现在邻居们都来我这里打水。你说,我能锁门吗?"

"你可以规定一个打水的时间嘛,要不你的家不成了随来随往的供水站了?"

"对啊,我就是要建一个全天候的供水站啊。"晓薇爽快地说。

"你放心让邻居来打水,难道不怕有坏人趁机闯进来拿东西?"我不放心道。

"不用怕,我这屋里随时都有熟人来往,前屋后院的老人都会帮我照看。再说了,即使有小偷进来,你看看,我这儿有啥值得拿的……"晓薇露出一副很开心的神态。

很快,巧手的晓薇便用邻居送来的东西,做出一大桌子色香味俱全的菜肴。一边吃着可口的饭菜,一边品味着晓薇跟我讲述的一件件浸润着浓浓亲情的故事,我竟生出了无限的羡慕。

整日劳心劳力的我,坐在晓薇简朴的小屋里,心中拂过缕缕温馨,心情陡然轻松了许多。

回去的路上,我的眼前老是晃动着晓薇那甜甜的笑容,那不上锁的大门,那引以为豪的水井……原来,真正的幸福,不在于拥有豪宅大院,不在于拥有多少财物,只要有一颗时时敞开的、无须上锁的心灵,即使是清贫的日子,也会散发出至真至醇的芬芳……

笑着去面对忧愁

在钢筋水泥的丛林中，很少有人能敞开那扇窗，其实，被你关在窗外的是整个明媚的春天呢！这是我的一位朋友讲给我的故事。我的朋友喜欢养花，尤其喜欢四季海棠，就是那种又被叫做玻璃翠的鲜艳娇嫩的花。他说他原来养它，只是出于一个男子汉喜爱保护美好而弱小事物的本能，而后来，却正是通过这弱小的花儿，使他从消沉中重新振作了精神。

那是一个秋日。他拖着疲惫的身体，走在回家的路上，心中却没有多少回家的喜悦。秋阳暖洋洋地照着，街心花园里，盛开的花丛正在尽情展现着最后的辉煌。而他的心里却泛起了一重深深的悲伤，仅有一个属于自己的房间就可能称为家么！

走进住宅小区，他抬头去望自己住的那栋楼。楼上的阳台十之八九都封闭着，相邻的阳台之间大多还装上了半圆形的铁栅栏。既未封闭也没有隔断装置的只有他和他的邻居了。

这么望着的时候，他猛然惊呆了。他的阳台上，那盆海棠花正灿烂地开着，像一团火，几乎灼伤了他的双眼。

这怎么可能呢！整整半年没人管了，它怎么能够活下来，而且活得那么好呢!

他急切地跑上楼去,打开房门。半年多没人住过的屋内,冷清得近乎死寂。但此时,他心中的落寞消沉之情早已被对那盆海棠花的好奇之情所取代了。他急切地打开通往阳台的那扇门。他无心收拾房间,他要守着那盆海棠,探寻它的秘密。

太阳快要落过西边那栋高层建筑的时候,他听见阳台隔墙那边的门响了一下。接着,阳台上探出半个身子,一只装着挺长一个喷头的洒水壶伸了过来。

这是一位十分漂亮的长发女孩。正要浇花的时候,猛然看见了坐在阳台上的他,愣住了。

他笑了一下,说:"你好!"

女孩说:"你好。你就是这海棠花的主人吧?你回来的正是时候。暑假结束了,我明天就要返校上学,正愁没人接我的手呢。我爷爷奶奶老胳膊老腿的,我可不敢让他们干这个活儿。"

"可是……我以前似乎没见过你呀。"

"是的,我们搬来才一个月。"女孩告诉他,浇花的任务是老房主家那位大姐走时特意交代的,那把特制的洒水壶也是她走时留下的。

"噢!是那位丑姑娘吗?"他问。

"你认为她很丑吗?"女孩反问道。"我认为能这么关心一盆无人照管的花儿的姑娘绝不是丑姑娘。同样,我想养这种花的小伙子也绝不会是个粗俗的人。"

"哦！……"他被噎住了。看来，这是个直率而又机敏的女孩。他有点敏感地问道："她都告诉你些什么——关于我的事情？"

"没有。她只说你出远门去了。可这花多好啊！不能让它枯死，对吗？"

"哦……对的！"他深深地叹了口气，说："可我……我是刚从监狱回来的，你知道吗？"

女孩好奇地睁大了眼睛："怎么啦？"

"过失伤人，入狱半年。"

"哦，过失！"女孩松了口气。"生活中，大大小小谁能没点过失呢。我倒想听听，你的过失是怎么回事——你不介意吧？我们指导老师要求，暑假结束时要交一篇文稿的。我的文章就写的那位大姐交给我的这件既浪漫又美好还带点神秘的事。可我现在还不知道该怎么结束呢。你不愿帮助我吗？"

"嗨，倒成了我帮助你了！"他苦笑了一下，说："我的故事其实很简单，没有一点传奇色彩。我和你一样是学文的。可是也给裹携下海了。结果折了本，背了一身烂账。女朋友又落井下石，撇下我，跟一个大款走了。我很苦闷，借酒浇愁，喝多了，与人发生了点冲突，失手打伤了人。就这样，平平淡淡，没一点意思。"

"是没意思。"女孩说:"为此险些毁了自己的一生,不值得。不过,你以后的日子还长着呢,重新开始,一切都来得及的。"

他说:"谢谢你的鼓励!你知道我守着这花儿坐了半天,都想了些什么吗?在回来的路上,我对以后的日子依然心灰意冷。可看到这灿烂盛开的花,我感到了无限的温暖。你看,它在夕阳的映照之下真像一团火啊!它就是你和我的老邻居那火热的心啊!它表示着一种温情,一片爱心。它已重新点燃了我对生活的信心。从此以后,我不会再消沉下去了。"

女孩听得挺受感动。她张口刚要说什么,就听那边屋里有了动静。女孩哎呀叫了一声说:"奶奶,我今日耽误做饭了,只好劳动您老人家了。哎,多做一份饭啊,我这儿有位新朋友。"

他说:"这怎么好,我……"

女孩说:"客气什么。我爷爷奶奶前几天还念叨呢,说对门住的也不知道是个什么样的人,什么时候回来了认识认识,也好互相照应呀。"

他没什么可说的了。事实上,他刚回来,家里也确实没有什么可吃的。

女孩说:"现在,我来帮你打扫房间吧。"说罢,就抽身回屋去了。很快,从他的门口,传来了清脆的敲门声。

他打开门。女孩背抄着手,夸张地迈着方步走进门来,俨然一副古代书生的架势，口中诵读着李清照的《如梦令》：

"昨夜雨疏风骤，浓睡不消残酒。试问卷帘人，却道海棠依旧。"

"知否，知否，应是绿肥红瘦。"他接道。

他们相对着哈哈大笑起来。

"自那以后，我再没有发过忧愁。无论多难多苦的事，我都会笑着去面对它。"我的朋友最后说。

只有智慧最珍贵

一毕业，就不得不辍学回家务农了。

他家有三亩多田地，像众多的村民一样，也遍植了橡胶树。由于产量有限，每年的收入家家户户仅够勉强填饱肚子。然而，他从小就不甘于一辈子过这种贫穷的生活。每当割胶的时候，他觉得那些橡胶树滴下的不是汁水，而是流自他心里的眼泪。

这个小镇有一个独特之处，那就是这里的土壤呈现一片褐红色。在外地的旅游者看来，这的确是一种罕见的自然奇观，但在当地村民看来，这种糟糕的土壤正是造成橡胶树减产的主要原因。

一个周末，他在当地唯一的图书馆查阅得知，这种红土很可能含有丰富的氧化铜。他的头脑里立刻有了一个生财之道。

他雇用了一辆汽车，把一整车红土运到了几百公里外的一个铜矿。经过检测，铜矿方同意以较高的价格收购，并和他签订了长期供货合同。回来一算，除去运费，他这一趟净赚了96个卢比。

从此，他砍伐了自家田地里的所有橡胶树，开始变卖那些在村民眼里看似一文不值的红土。可以说，这是他为自己人生掘的第一桶金。

当村民们开始纷纷效仿，四处变卖红土的时候，他迅速在镇里开设了第一家铜矿，大量收购红土，并且开出了更高的价格。

由于节省了往返的运费，他几乎垄断了所有的红土。很快，他就成了镇里最富有的人。

然而好景不长，在当地电视台狂轰乱炸的连续报道下，更多具有实力的铜矿开始进驻到这个小镇。同行间的恶意竞争，使红土的价格越抬越高。到了最后，几乎无任何利润可图了。

一天，他无意间在电视上听到这样一句话：卡邦科技部前副部长库尔卡尼表示，过去四年中平均每周有一个公司来班加罗尔注册，这个速度在印度是独一无二的。他马上敏锐地意识到，此时，在这个濒临城市的小镇投资地产将会获得巨大的收益。

说到做到，他迅速变卖了自己的铜矿，并开始转向收购村民手里的土地。由于土地遭到了村民大规模且无限量的开挖，早已遍布深坑，满目疮痍，不再适合种植任何农作物，他几乎用相当低廉的价格就回收了镇里90%以上的土地。

他作出的唯一承诺是给村民免费建设一个封闭型的小区，并安排他们的子女在其新创立的公司就业。

两年后，果真印证了他的推测，由于扩建工业园区的需要，当地政府开始大规模收购土地，且每亩地的价格高出了他当初收购价的600倍。

他的举措，令那些至今还靠着开垦红土地做着发财梦的铜矿老板措手不及。

靠着这一大笔资金，他终于成功组建了自己的软件公司。

25年后，凭着自己不懈的努力，他从昔日那个整天围着橡胶树忙着割胶的穷小子，摇身一变，成了开创世界知名IT品牌的跨国公司总裁。

他就是号称"印度比尔·盖茨"的普雷吉姆。他一手开创的公司就是业务遍布全球的著名的维普罗软件公司。

"敢为人先，他首先把红土卖出黄金的价格，然后再告诉我们：比黄金更贵的是人的智慧。"美国《时代》周刊曾这样形容他的成功。

02

握住生活
的信念

真正试过，
才知道自己行不行

　　这些年来，每一年我都要求自己，做一件新鲜事。原因无他，我不喜欢生命如停滞的死水渐渐腐臭的感觉，也不希望哪天"老狗学不了新把戏"这句名言不知不觉落在我身上。

　　我也还记得少年时代做读书笔记时，我曾抄录过一句很毒却也一针见血的话："很多人过了二十岁就死了，只剩下躯壳还活着。"我不想加入"很多人"当行尸走肉。

　　有好些年，写作是我的唯一，我把自己写成苍白虚弱、腰疼背痛、未老先衰，还写歪了颈椎，饱受天雨欲来时全身都当警报器之苦。有一天痛得受不了，我忽然悟到，如果我只重写作，轻忽真正的生活，那么，我不过像一个在服食迷幻药以脱离真实生活的家伙，我所拥有的人生不过是一株枝叶繁茂的假树。

　　于是我一边做康复治疗，一边为自己找新把戏以脱离失去了平衡的生活。一九九六年，我莫名其妙地主持起电视节目；一九九七年，我成为广播主持人；一九九八年，我开始学陶艺；千禧年，我发现海底世界的美丽：2001年，我给自己的新成绩单中，第一项，应该就是演舞台剧了。

这可从不在我的少年梦想之内。我从来没有表演的欲望或天才。三年前，我上过绿光剧团的表演班，只不过想去玩玩，看看能不能去除我在电视荧幕前的羞涩感。天知道，我其实是个内向的人，我习于独处，却要花许多时间，才能在大众面前去除我的不自在。

上完三个月一期的表演班，发现自己也还可以跟原本陌生的一大群人彼此混得很开心，也学会怎么样用丹田之气说话才不致嗓子哑掉，是我最大的收获。没想到过了三年，我的表演班老师刘长灏当了剧团经理，忽然打了电话给我："喂，吴念真导演要为我们导新剧，来演一个角色好吗？"

只要听起来很好玩就轻易答应别人，是我至今未改的毛病。我当下说："好啊，一句话，没问题，我们再聊。"

第一次参加排戏时，离演出不到两个月，我才知道自己的角色是演"中学美少女"的黄韵玲的妈，而且还是一个精神不太正常的欧巴桑。这这这，简直是太为难我的挑战！

然而一开始就退出实在有失面子，那就排戏排排看，如果觉得无法胜任，再找个理由推掉吧。我这么盘算。

果然，一开始排戏我就踢到无形的大铁板。心里头那只叫做"闭塞内向"的虫子又钻出来肆虐了。眼看着演路人甲和路人乙的年轻团员，都十分放得开，排什么就像什么，我怎样都像木头人，简直受不了自己的拙与笨。

和他们对戏时，我慢半拍。演"武打戏"时，我打得不痛不痒，其中有一幕戏，我得像个疯婆子一样打女儿，又被众人拉住。不管排了几次，费了多少力气，旁观者看来一点也没有逼真感，导演后来忍无可忍，又不敢对我发火，只好对团员训话："你们不要因为她是吴淡如，就不敢大力拉她。"

剧团里头的老鸟也忍不住了，挺身而出拿着保特瓶敲自己的头，使苦肉计对我说："看，用力打下去没关系，会痛不会死。"

不是我不敬业，而是我……我从没打过人，生怕假戏真做，把自己打伤。不管我如何对自己"心战喊话"，就是豁不出去。排戏期间，如果有朋友看到我在唉声叹气，必然是等一会儿得去排戏。

眼看黄韵玲和演乡土人物的李永丰演技都很出色，排戏时也能让旁观者爆笑连连，戏一走到我开始说话就冷了，别人心急，我更急。

挣扎了好久，我沮丧地安慰自己："我真的不是演戏的料，我只能做自己。反正我以后又不打算做这一行，还是趁早退出，以绝后患。"我鼓起勇气找到剧团经理，表明退出的意愿。他能吃到一百多公斤不是没道理的，因为体胖，所以心广，一点也不怕我砸他的招牌，拍拍我的肩膀说："传单都发出去了，你不演，很奇怪的，放心啦，船到桥头自然直。"

我没那么乐观，每晚做噩梦，生怕自己是一粒老鼠屎，搞坏人家一锅好粥。

每一次在挣扎取舍的时刻,我的心里就会浮出另一种顽固的声音。这一回,它又悠悠然出现了。有一次被"演出失败、观众砸鸡蛋"的噩梦吓醒,半夜忽然从床上跳起来,那个声音竟在惊魂甫定后告诉我:"你可以因为表现不好而失败,但不能因为孬种而失败。你得真正试过,才知道自己行不行。"

演出的日期愈来愈逼近,死马只得当活马医。我和自己约好,就算现实生活中,我理智到怎么疯也疯不了,一上台,我必须忘记自己,让疯字像乩童附在我身上才行。

我甚至利用职务之便,动不动就找人请教:疯子要怎么演啊?许杰辉、赵自强、郎祖筠都曾在我面前示范过"疯子看电视"和"疯子打人"的剧段。

我连走路都在背台词,口中时时念念有词。

直到最后一次排练,我都不认为自己的演出及格了,只好继续向自己心战喊话:"上了台,跟排练时一定不一样,你……应该会更自然。""过了这个挑战,你一定会觉得自己又跨过了一个大门槛。"

心战喊话是潜意识的催眠。这也是学来的。记得我在广播节目中也曾访问世界排名第一的撞球王赵丰邦,他说,在每一次得打"不太可能打进"的球时,总会对自己说:"因为你是赵丰邦,所以你打得进这个球。"说也奇怪,只要他能镇定地对自己说这句话，十之八九，球就会乖乖入袋。

考验总是要来临。虽然我已熟悉大场面的主持工作，但当舞台剧演员是头一遭，开演前，我强颜欢笑，以掩饰自己心跳加速到呼吸困难的事实。

戏一开始，连紧张的时间都没有。我只记得，我是个外表看来很正常的疯欧巴桑，说我该说的话，做我该做的事。

《人间条件》的第一场演出，我的处女秀。我听见了观众热烈的笑声与掌声，知道场子没有被我炒成冷饭。五场在国家戏剧院的演出，比我想象中更轻易地结束了。

熟能生巧，我试图在每一场演出中加料，在戏一开锣时，它仿佛变成我自己的真实生活，我唯一的任务就是使它生动且深刻。

舞台剧最大的好处是：观众的反应绝不虚伪，他们觉得戏好不好，台上的演员马上就会知道。我知道，我没有搞砸它，相反的，我竟然也觉得我自己演的疯婆可爱极了。

最后几场的演出，观众全部满座。在庆功宴时，剧团经理才告诉我实话："其实导演最担心的人是你，没想到你一场比一场老到，还会适时地掌控舞台的节奏。"

我也先后遇到一些看过戏的朋友对我说："天哪！我看到最后谢幕时，才知道那个人是你，差太多了。"

我爸爸也看了戏，最好笑的是他在开演后半个小时，问我妈：" 她怎么还没出来？"才知道台上的疯欧巴桑就是我。这至少表示，我不是个演什么都像自己的烂演员。

"我根本不知道你会演戏。"这是演出后我最常听到的，也是我所听过最自然的赞美了。我一方面乐得飘飘然，一方面也坦白回答："其实，我也不知道我会演戏。"

后来有一位记者来访问我，她揶揄我说："为什么你总是有这么多机会，可以表现自己，我们想做的事，都被你做光了。你该不会这下又立志当职业演员吧。""不会啦，我只是想玩玩，我也不认为，除了写作之外，我有其他的天分，但是——"我的脑中灵光闪动："应该这么说吧，有时候，梦想是会生利息的：我努力实现我的作家梦，它自动生了很多利息给我……"

没错，梦想是会生利息的，只要感兴趣，不要轻易打退堂鼓。

那个声音是对的：你可以因为表现不好而失败，但不能因为孬种而失败——你总得真正试过，才知道自己行不行。

学会聚焦自己的精力

理查德·希尔斯是一个失败的小人物,离婚、失业、独居,他甚至因为花光了所有的积蓄,而一度陷入深深的绝望。

可是,就是这样一位众人眼中的小人物却在美国创办了一家特殊的网站。之所以说它特殊,是因为在这个界面简陋的网站上,随便输入任何一个汉字,人们都能找到它的字形在历史上是如何演变的——小篆、金文,甚至还包括几千年前它被刻在甲骨上的模样。这样的汉字字源网站即便是在中国也绝无仅有,更不要提在大洋彼岸的美国。它的创办者——一位满头白发的美国老人,一时间也成为热门人物,甚至被网友称为2011年第一个感动中国的外国人。

网站的火爆是理查德·希尔斯所没想到的,更令他没想到的是自己在60岁的花甲之年因它而成名。

他为了创建这个网站,花费了20年的时间和全部的存款,身边的朋友和家人都觉得这是一件没有意义的工作。在20年漫长的时间长河里,只有他孤独一人……

38年前,当希尔斯突发奇想开始学中文时,这个物理系的大学生只是希望了解，那些说别的语言的人会如何思考、交流。他来到了中国台湾，在街头拼命跟人聊天，并且在那里结识了自己后来的妻子。口语练好了，希尔斯又开始张罗着学认字，可是那些毫无逻辑的汉字笔画总是让他一头雾水。

于是，这个已经步入中年的男人再一次"突发奇想"，研究起了古汉字。可在英文书籍里，关于汉字古文字的书籍只有一本。并且，不同的书籍对于词源的解释也不相同。希尔斯又琢磨着把不同的解释都输入电脑，这样自己就可以很方便地从中挑选出最符合自己的词源。为此，他先开发了一个小程序，到了2003年，又把它们搬上了互联网。

希尔斯曾经向中国的朋友展示过自己的网站，可极少有人感兴趣。有些人会"出于礼貌"地赞扬几句，还有人直截了当地评价他"浪费时间""异想天开"。

可就是这位异想天开的美国人却硬生生创办出了世界上首家汉字字源网，用20年的努力与坚守传承了中国文明。

为了寻找那些古代的汉字字形，希尔斯跑遍了中国大陆、中国台湾几乎所有大学的图书馆，查阅了几百本书。看得多了，他甚至还能提出自己的解释。

比如汉字"金"，说文解字形容它字形的来源是"金在土中"，可希尔斯觉得，它的象形文字应该来源于"钟"的形状，因为这样才能让人立刻明白"金属"的概念。

没有人知道，希尔斯已经连租用服务器所需要的每年47美元都快付不出来了。正因为如此，人们打开他那设计简单的网站，上面才有这样一段话：你在这里看到的是我过去20年努力工作的成果，目标是要把汉字的字源资料放在国际网络上，供大家使用。请捐款，以便我可以继续提供和及时更新这些资料。这些资料是我免费提供的，而且没有广告干扰。

世界著名的昆虫家法布尔说："试着把你的精力集中到一个点上，就像放大镜一样，把阳光聚焦在一个点上。"法布尔一生也只研究他的昆虫，正是由于他把自己的世界和精力都聚焦在研究昆虫这个点上，所以才有了昆虫学方面卓越的成就。

握住生活
的信念

　　曾经去过一个远近闻名的贫困山村。四面被大山环绕着，至今没有通上电，村里没有人坐过也没见过火车是什么样子，村民穿着布织的衣服，家家户户的房子是用泥土垛成的。

　　贫穷以至如此，人们的脸上该是哀戚的吧？以前曾目睹过太多被贫穷毁掉的东西，如被贫穷毁掉的幸福，被贫穷毁掉的欢乐、爱情、友情、人格等等。我几乎相信这贫穷是无坚不摧的了。以为这世上真的没有比贫穷更坚硬的东西了。

　　那天，在那个贫穷的山村里，在一家同样贫穷的泥屋里，我的眼睛被火一样的东西燃着了。那是一片片烂漫地开着的小花，那火红的、嫩黄的、雪白的、粉色的小花，热烈地环绕着低矮的泥屋盛开着，是的，它们被种在同样低矮破旧的院子的泥墙上。

　　我结结巴巴地问房主人："花是可以这么种的么？"粗布衣衫的主人安详地回答说："花不这样种又怎样种呢？花本来就是开在泥土中的么。"

　　是的，在现代人的心目中，以鲜花之尊、之贵、之美、之芬芳，它该被高高地供奉到殿堂上，应握在初恋的少女的手心里，应开在整洁美丽的花园里。它应当是人精心培养呵护的结果。现代人几乎忘了，无论是多么尊贵的花，都是来自泥土，来自那平常又平常、卑贱又卑贱的泥土啊！

然而，若要花朵在贫穷的泥墙上吐露芬芳，除了那平常又平常的泥土外，还要有一种至尊无比的东西做这鲜花的必不可少的养分，那就是屋主人的超越贫穷的信念。一个被贫穷压垮了的人，一个被贫穷的洪水冲刷掉心中的信念的人是没有勇气再去栽植鲜花的。那么信念该是比贫穷坚硬的东西吧？

握住生活的信念，把它变成广大的沃土，在上面，栽植上幸福和欢乐，栽植上爱情和友情，培植出高尚和人格，这样的人生，不是同样会芳香四溢、美丽无比么？有时人生只需一捧土。

最初的梦想在哪儿

今天下午,我太太开车带女儿去学钢琴,顺道送清洁工回家。我因为想听女儿弹琴也就一同前往。

清洁工是南美人,就住在钢琴老师家不远的地方,我原来猜想一定是个杂乱的社区,直到车子转进她家的小巷,才惊讶地发现环境那么美。

斜斜的山坡,街道两边都是白色的独幢洋房。早春,两排行道树刚冒出嫩芽,像是一重重翠绿的纱帘,往山脚延伸过去,并从下面人家的屋顶上,看到更远处点点的帆影和潋滟的波光。

"这里真美,不知道房租贵不贵。"我在车子掉头的时候,对太太说。

我太太一笑:"就因为不贵,所以她负担得起;就因为美,所以她宁愿放弃她家乡医师的工作,到这儿当个清洁工。"

她的话,使我想起20年前,初到美国,在弗吉尼亚州开画展的时候,当地的画家朋友曾经请我去一家中餐馆吃饭。

"陈博士,陈博士。"没去之前,就听画家们不断说Dr.Chen,直到走进餐馆,一位领班过来招呼,大家跟他热情地握手，我才发现原来那就是餐馆的老板——陈博士。

陈博士的餐馆很有名，如同他获得博士的学府一样有名。我看得出客人们对他有一种特别的礼貌，但是回想起来，当大家进餐馆前提到"陈博士"的表情，又觉得"有些特别的滋味"。

他们会不会很得意地想："瞧，堂堂一个中国学者，居然在为我们端盘子？"临走，我问陈博士："不知道你主修什么？"

"甭提了，"他笑笑，"全都就饭吃了。"

我从来不认为职业有尊卑贵贱之分，但不知为什么，这20年来，我常想起陈博士。

我想："他在那么著名的学府得到博士，为什么不在自己本行发展？"

我也想："他在台湾也是名校毕业，早知有一天会放弃所学，当初何不把那宝贵的留学'名额'让给其他'挤破头的学子'？"

当然，我也知道——如果他没有那大学文凭，便进不了美国名校，留不了学，更留不下来。

20年来，我在美国看到太多，在自己祖国做医师、做工程师、做高级主管的人，到这片"新大陆"落地生根。

一个在美国音乐会上卖力演出的，可能在自己的国家，是音乐或戏剧名师。

一个在杂货铺呼前跑后的，可能原来是大学的教授。

一个每天到不同家庭，为人吸尘扫地、洗厕所的，可能原来是位受人爱戴的医师。

只是，如同我家的清洁工，来到这"金元王国"，就忘了过去的光荣，也忘了年轻的雄心壮志，留下来，甘心做一株小小的草。

无可否认，每个人有他选择的自由，但是如果他能不放弃本行，无论在美国，或回到他自己的国家，不都可能有更高的成就吗？

每年都有些从故乡刚来的留学生来看我，我总在初见面时就问他们："你的折旧率高不高？"

"老师是什么意思？"他们都不解。

"我是问你，会不会满怀雄心壮志地来，最后却无声无息地消失了。"我说。

这时候他们总是毫不犹豫地回答："不可能的，原来的公司还在给我留职停薪。""我的父母急着等我回去。""我只是来学，学成了就回去。"

一两年后，听说他们急于找工作、办绿卡。

再隔几年，圣诞节偶尔会收到他们的卡片，寄自某一个美国的城镇。

怪不得有个漫画，画一架波音747上抛下来许多英雄好汉，落在美国的海域，只见一只只伸出水面的手。漫画的题目是"美国大熔炉"。那许多壮丽可爱的年轻人，不都在这"熔炉"里被融化吗？

小时候，我们会想当医师、当警察、当老师、当大官。

我们一天天长大，一天天认识世界，也一天天认识自己。

我们可能因为功课不够好、身体不够强、耐心不够久、毅力不够坚，使幼年时的梦想，一个个在眼前飞过，又无声地消失了。

只有少数人，能坚持自己，不被环境融化。

各位年轻朋友：你从小到大，是不是好辛苦、念过好多书、考过好多试？你是不是梦想拼进一所理想的大学、梦想出国、梦想深造、梦想创一番事业？

有一天，无论你到了世界的哪个角落，我都建议你常回头想想："我过去的书，会不会白念了？"

我也会建议你常抬头看看——

还有没有当年的梦想在飞翔？

还有没有自己年轻时的壮丽与坚持。

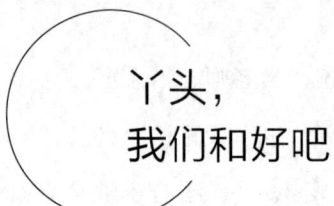

丫头，我们和好吧

那是一个冷僻的文学论坛，去的人不多。

她总是午夜过去，看些文章，然后回几个帖。偶尔，他也会发一点随笔上去，文字淡淡的，却非常清秀。

他总跟她的帖，有时会写一些大学时的趣事。没曾想，他们竟是校友。

在学校时，不同年级，不同系，虽在一个校园读书，甚至在不经意间碰过面，彼此却不曾相识。谁会知道，毕了业分开了，反而聚到一起。

她也为这意外且惊且喜。要了他的QQ，遂开始了漫长的聊天。

那个撮合他们的论坛很少去了，夜夜在QQ上聊，开始喜欢上对方。

见面的那天，她白衣长发，在嘈杂的人群中静美出尘；他也是俊朗健谈，彼此一见倾心。

去看了电影，在电影院里牵手了。

出来时，月亮已高悬天际。

她说：真想一辈子我们都这么好，永远不吵架。这样一直一直往前走，永不转身。

他将她的手更握紧一些，然后说：傻丫头，会转身的，不信你试试。如果没有了转身，肯定两个人就该再见了。

她不明白，也没有再问，却不信。

他们开始热恋，每天都会打无数个电话，晚上要还腻在一起。一个出差到外地了，另一个必然会相思成灾。

有一天，两个人还是为了一件小事吵起来。之后，他们三天没见，却谁都不肯先拨个电话。她每天晚上都哭，以为他们真的完了。

第四天晚上，她打开QQ，看见他的留言。他说：丫头，我们和好吧。有人说，两个相爱的人之间发生了矛盾，第一个转身的人就是他们感情上的天使。这次，让我来当一回天使吧。

她含着泪笑了。他的转身挽救了陷入僵局的爱情。

以后，他们一直非常好。当然，还会吵架，只是吵完了，总有一个人会转身，转身之后，他们的感情会比原先还要好。

美好的爱情大抵如此，总会有无数次的转身，只要感情的天使不死，爱就不会泯灭。

"姐"和"姐"比

[一]

有个小女孩儿一心贪玩,居然把她的小狗"贝贝"带进了一家严禁携带小狗入内的商场。小女孩儿只顾与她的"贝贝"说着悄悄话,一点儿也不知道这条规矩,当她上了二楼突然看到墙上"严禁携带小狗入内"的警示牌,才发现小狗已没地方藏,她挺着急,便赶紧乖乖地站好,一边紧搂着"贝贝"一边看着迎面走来的商场的保安,等待着想象中的"狂风暴雨",不料保安不仅没生气,还笑眯眯地看了看她,问:"啊,多么可爱的小狗,它叫什么名字?"小女孩儿轻轻回答:"它叫贝贝。"而那位叔叔也就再次笑了笑,摸了摸小狗的头,说:"亲爱的贝贝,你怎么糊涂了,我们这儿是不准小狗带小女孩进来的,但既然来了也就不难为你了,请离开时记住,千万别忘了带走你身边的这位小姑娘!"

妙,妙极,叔叔的这段话,立刻给小女孩儿留下了一个终身难忘的美好印象——天!原来,批评也可以是甜的!

[二]

钢琴家梅亚贝尔爱睡懒觉,但妻子总是有办法让他立即起床,这就是在客厅里弹上一段钢琴曲的开头,而每当这时他也就会立即起床,为什么?因为他一向不能容忍任何一段有头无尾的曲子,果然,他走过来接着弹,就这么一弹,一段美妙的旋律也就从指尖上流淌出来,一股脑儿赶走了睡懒觉的困劲儿!

挺喜欢这个"随风潜入夜"式的提醒式的教诲,总觉得包含其间的道理特别迷人,这就是,只有那种能点亮聪明的聪明,才有资格叫做美丽的聪明!

[三]

一天,一个长发披肩的时髦姑娘刚挤上了车,就觉得自己的长发被后边的人拽住了,她使劲拉拉头发,拉不动,显然还被后边的人拽着,于是猛地转身,给了后边那人一记耳光——那是个穿着工装裤长着娃娃脸的打工仔!见打工仔并没赔礼道歉,还红着脸笑,姑娘更气,还骂了句"流氓",挥手又打了他一记耳光。打工仔仍然没生气,只是用手指了指车门——原来,姑娘的长发是被车门夹住的,姑娘傻眼了,脸刷地红了,可一时语塞,

偏偏一句话也说不出来,而打工仔也就看了看她,挺宽容地说了一句"俺也有姐,可俺姐决不像你这样!"说着转过脸去再没吭声,而姑娘也就看着打工仔宽宽的肩膀,眼泪刷地流了下来,多么宽容的教诲,"姐"和"姐"比,一下子就折服了一个高傲的灵魂!

欣赏别人
对我的欣赏

一班初中女生在参观了这间盲人学校之后,聚集在小礼堂里,听校长李洁回答大家的问题。

李洁的态度随和亲切,又有幽默感,气氛变得很轻松,随时响起女孩们银铃般的笑声。

"你可不可以告诉我们,为什么要到一间盲人学校做校长?"

"因为我年轻时很漂亮。"李洁笑着说。

女孩们虽然不明白这个答案的意思,但是她们又笑又鼓掌。有人还大声说:"你现在仍然很漂亮!"

"谢谢!"李洁说,"我很迟才知道自己长得不丑,因为妈妈自小叫我'丑样妹',哥哥叫我'丑小鸭',因此我一直以为自己是个丑丫头,将来一定嫁不出去。"

"后来你是怎么知道的?"几个女孩一齐问。

"那年有一间名校招小一新生,光是拿报名纸已经要通宵轮候。但是考入学试却很简单,由校长亲自问几个问题,便算考过了。考完回来,舅父对妈说:阿洁一定考得到,因为她长得好看。"

"结果你考到了没有?"

"考到了。妈妈和我都很欢喜。我欢喜不是因为可以在这间名校读书,而是因为舅父的那番话。从那时起,我时常照镜子,我对自己说:或许我真的不是'丑样妹'。"

喝了一口茶,李洁继续说:"进了中学,烦恼愈来愈多。中三那年,有两个男生打架,据说是因为他们两个都喜欢我。"

有人轻轻吹起了口哨。

"虽然我懵然不知,却也被训导主任叫去问话。中四的时候,班上有几个女生又搽胭脂,又用唇膏,被训导主任劝喻一番。起初她把我也叫去,后来看清楚我的肤色和嘴唇都是天生的,才放我走。"

"天生丽质!"有人插嘴,又引起一片笑声。

"中四那年的英文科新老师年轻漂亮,夸张地说一句,现在歌坛的天王没有一个比得上他……"

又是一连串的口哨声,女孩们起了一阵骚动,似乎为自己没有这样的一位老师感到可惜。

"他是许多女同学的梦中情人,休息时间、放学后都有一大班人要见他。大家的学习兴趣突然高涨。"

女孩们发出一片理解的笑声。

"我不喜欢跟别人争,因此我从来不找他。他却特别喜欢叫我朗读。他说我的发音准确,腔调自然,不看着我还以为朗诵的是英国人——他在英国生活过十年,他的评价当然够权威。"

"不过生活中有许多意外和巧合。有一次我趁学校假期到愉景湾探望姑母,却在船上碰见了他。他也是一个人,去探望他在英国读书时的一位老师和师母。他们正在香港小住。

"他邀请我到船头吹海风、看风景。我们谈得很高兴,忘记了我们的师生关系,谈得像一对朋友。这对在外国生活过一段日子的年轻人来说,是平常不过的。他说我可以叫他Richard,我也不客气。事实上他看上去比我哥哥还年轻。

"想不到这次船上的偶遇,却惹起很厉害的绯闻。大概刚好另外有两个同学在船上,看到我跟他在一起的情形。绯闻愈传愈离谱,说我们在船头拥抱和kiss……"

女孩们把口哨吹得像在听演唱会。

"我不知道他受到的困扰有多大,可是他上课再不叫我朗诵。下个学期我们没再见到他,代替他的是一位很严厉的老先生……"

女孩们沮丧地叹息。

"我读中学的时候,对班上的男同学毫无感觉。这是因为我有一个功课好、运动又出色的哥哥。他会玩又会说笑,思考问题不但敏捷而且有深度。跟他比较之下,我班上的男生都是乳臭未干的小子。我的好朋友都是女生,其中一个叫沙莉的,更是我的死党。毕业那年,学校要排一出戏参加校际戏剧比赛。沙莉和我都有兴趣演剧中的女主角,结果负责选角的导演挑了我——我知道沙莉的条件不比我差,除了样貌。她落选之后便没有再理睬我。后来我知道她很喜欢那个男主角,她渴望跟他同台演出。戏演得很成功,男主角多次约我单独外出,我都没有答应。我对得住沙莉,但沙莉一直没有原谅我。"

李洁说的时候一脸的无奈,似乎对那份失落的友情仍感惋惜。

"年轻人的思想有时很直接。我把中学时代所有的不快,都归罪于我的样貌。长得漂亮,带给我的不是快乐,而是烦恼。我决定毕业后,要到一处没有人注意我面孔的地方工作。大学毕业之后,我便申请这间盲人学校的教职。一做便做了十年,如今我是校长。学校里没有男同事,失明的学生认得出我的声音,但不知道我的样子,漂亮没有再带给我什么烦恼。"

"请问校长你有没有为你的决定后悔?"一个戴眼镜、表情严肃的女孩举手问。

"我没有后悔。但是最近发生了一件事,使我对事情有了不同的看法。你们要不要听?"

"要!"答案一致得很。

"我们学校有一个声音很好听的女孩,她很会唱歌,音准,又有感情。可是她的样子很难看,因为她的失明是在一场意外中造成的,面孔被扭曲损毁了。自己样子难看,她是知道的,因为她很敏感,外出时听到人家议论她的样貌,她自己也摸得到自己脸庞的缺陷。

"可是她很喜欢表演，不但在校内唱歌，还接受邀请到校外唱。她唱的时候样子往往更难看，但她优美而有感情的歌声，每次都为她带来热烈的掌声。

"她勇敢地享受她的长处带给她的快乐，蔑视那丑陋样貌带给她的不快感觉。有一次我听她唱歌，忽然悟到她比我坚强：她不隐藏，不躲避，欣然自若地显耀自己的优点，也接受自己的缺憾。长得漂亮是上天对我的恩赐，我该自豪，我该感谢，但我却抱怨，我却躲藏。我这样的性格其实一点也不可爱。

"我开始改变自己，我恢复了照镜子。当然，我看书的时间比照镜子的时间多得多（其实读书是另一种照镜)。但我的确对着镜子仔细地看我自己，我知道自己哪一部分最耐看，哪一部分需要修饰。功效很显著，我发现街上看我的目光多起来，包括男人和女人。

"我不再躲藏，除了把学校办好之外，我还参加社会公益活动。我漂漂亮亮地出现在公众面前，我欣赏别人对我的欣赏。各位可爱的小妹妹，你们觉得我漂亮吗？"

"李校长，你好漂亮！"女孩们衷心地赞美。

"谢谢大家！"李洁嫣然一笑，迷人得很。

寻找实现梦想的途径

1968年的春天,罗伯·舒乐博士立志在加州用玻璃建造一座水晶大教堂,他向著名的设计师菲力普·强生表达了自己的构想:

"我要的不是一座普通的教堂,我要在人间建造一座伊甸园。"

强生问他预算,舒乐博士坚定而明快地说:"我现在一分钱也没有,所以100万美元与400万美元的预算对我来说没有区别,重要的是,这座教堂本身要具有足够的魅力来吸引捐款。"

教堂最终的预算为700万美元。700万美元对当时的舒乐博士来说是一个不仅超出了能力范围甚至超出了理解范围的数字。

当天夜里,舒乐博士拿出一页白纸,在最上面写上"700万美元",然后又写下10行字:

一、寻找1笔700万美元的捐款

二、寻找7笔100万美元的捐款

三、寻找14笔50万美元的捐款

四、寻找28笔25万美元的捐款

五、寻找70笔10万美元的捐款

六、寻找100笔7万美元的捐款

七、寻找140笔5万美元的捐款

八、寻找280笔25000美元的捐款

九、寻找700笔1万美元的捐款

十、卖掉10000扇窗，每扇500美元

60天后，舒乐博士用水晶大教堂奇特而美妙的模型打动富商约翰·可林捐出了第一笔100万美元。

第65天，一位倾听了舒乐博士演讲的农民夫妇，捐出第一笔1000美元。

90天时，一位被舒乐孜孜以求精神所感动的陌生人，在生日的当天寄给舒乐博士一张100万元的银行本票。

8个月后，一名捐款者对舒乐博士说："如果你的诚意与努力能筹到600万元，剩下的100万元由我来支付。"

第二年，舒乐博士以每扇500美元的价格请求美国人认购水晶大教堂的窗户，付款的办法为每月50美元，10个月分期付清。6个月内，一万多扇窗全部售出。

……

1980年9月，历时12年，可容纳一万多人的水晶大教堂竣工，成为世界建筑史上的奇迹与经典，也成为世界各地前往加州的人必去瞻仰的胜景。

水晶大教堂最终的造价为2000万美元，全部是舒乐博士一点一滴筹集而来。

不是每个人都要建一座水晶大教堂,但是每个人都可以设计自己的梦想,每个人都可以摊开一张白纸,敞开心扉,写下10个甚至100个实现梦想的途径。

给我忠告
的好友

彼得小时候家里很穷，父母又在他刚上大学时相继去世。但是噩运并没有击倒他，反而让他坚强起来。彼得经过苦苦拼搏，好容易才供自己和弟弟加里上完了大学。大学毕业后彼得又凭着他的勇气和才华，在纽约开了一家广告代理公司，事业蒸蒸日上，他自己也成为当地的成功人士。

有一天，彼得来到弟弟加里所居住的城市波士顿，住进了一家旅馆。他没有料到，就在这一天，三个电话竟改变了他的生活和他的一些做人处世观念。

刚刚住下，他就急着给弟弟家拨了电话，电话是弟媳安妮接的，他以命令的口吻要求弟弟加里和安妮一定要来和他共进晚餐，他希望今晚就能见到他们。

"不，谢谢啦。"弟媳马上说，"加里今晚有商务洽谈，我也忙得很。如果他打电话回家，我会让他给你个准信的。"

他听出，她的话中有不屑的味道。他不在乎地耸耸肩，然后给一个大学的老朋友挂电话，请他共进晚餐。这位朋友的回答使他感到震惊："加里和安妮恰好今晚请客做东，我们一起去，在那里会面。"

他感到非常困惑和尴尬,甚至有些生气。当他刚刚放下听筒,电话铃又响起来。

"哥哥吗?我是加里,你都好吗?非常抱歉,今晚我实在抽不开身,明天一起吃饭怎么样?"

他几乎不相信这是弟弟亲口说的话。他只好咕噜着答应了。

为什么他们要对他撒谎?彼得一夜难眠。第二天,他就急急开车来到弟弟家。

安妮一开门,他冲口就问:"昨晚你们为什么不请我?"

"彼得,我对此非常抱歉。加里本来要请你,但我告诫他,我们最好不要把好好的聚会给毁了——你准会把一切给毁了的。"

"你怎么能这么胡说?"彼得生气了。

"因为这是事实。彼得,你为什么就没想到我们迁居波士顿不为别的,就是为了要摆脱你呢?你是个成功人士,处处要引人注目。只要你在身边,加里就感觉是在你的阴影之下。凡加里要说的每句话、要表达的每个意见、想说的每件事,你都要他符合你的意愿,甚至你对他的每个做法都要提出不同意见。昨晚的聚会,大学校长也出席了。我们希望加里能得到升迁,而你若在的话,总是将自己凌驾在加里之上。这就是我决定不邀请你的原因。"

这件事令彼得很苦恼,但他不明白为什么会这样。几天后,彼得来找他的朋友、心理医生爱德文。

"这件事一直让我不得安宁，我不知道该怎么做。"彼得说，"那个女人是我的死对头。我决不能让她离间我和加里，得想个解决的办法。"

爱德文医生看着彼得。"其实，问题出在你这儿，不过解决的办法我有，"他说，"只是怕你接受不了罢了。你的弟媳给你的忠告也许是最好的：要有自知之明。与其他人一样，你不是一个人，而是三个：你自以为你是什么样的人；在别人眼中你是什么样的人；最后，真实的你又是什么样的人。一般说来，那个真实的'我'，没有人知道。你为什么不试试和他熟悉一下呢？你的生活将会因此而全盘改观的。"

爱德文医生建议他：面对自己，在开口或行动之前，先与自己的最初想法或冲动较较劲。

那天晚上，彼得与几个熟人一起去吃饭。其中一位开始说笑话，而这笑话彼得早就听过，所以他眼光飘移，显得漫不经心。他想到另一个更有噱头的趣闻，他心痒难熬，恨不得那人立刻闭嘴，好让自己开口。突然，他心中凛然一惊，记起爱德文医生的告诫，而安妮的话又一次在他心中响起……

当大家都笑起来时，彼得冲口说："妙极了，你说得真是太精彩了。"那位说笑话的人投给他感激的一瞥，表示领情。

这小小的经验正是彼得向自己挑战的起点。诸如此类的事，他又在自己身上发现不少。越是深入了解自己，他越感到不能容忍自己的缺点。

两周后,他告诉爱德文,他为自己的行为深感悔恨。"我现在打算再去波士顿一趟,这小包是我给侄儿捎去的生日礼物。我本打算给他买一架价值5000元的照相机,但我立刻意识到,这昂贵的礼物会把他父亲可能给他的普通礼物比下去的,这样不好。而这一包礼物却是金钱买不到的。"

安妮给他开门时眼中露出疑惑的表情,彼得脸上带着微笑。一会儿,他与侄儿坐在客厅的地板上,他的膝盖上搁着打开的礼物:那是一个黑本子,破旧的封面上看不见书名。"这是一本剪报簿。"彼得对孩子说,"我珍存它已经好多年了。我将有关你父亲的东西都贴进去:他在中学时曾获游泳冠军,我将体育的报道剪下来贴进去,这是相片。这里还有一封信,是我世上第二要好的朋友写的。你看,这信上说,'你'也就是指我,才华横溢,可你弟弟加里却有着温柔的心肠——这是更可贵的。"

突然,孩子问:"那么,这世上,谁是你第一要好的朋友呢?"

"就是窗口前站着的这位太太,"彼得说,"好朋友敢跟你讲真话,而你母亲就是这么做的——当我最需要的时候,她给了我忠告,让我认识到了自己的缺点。我怎么感谢她都永远不够。"

接着,安妮还做了一件让彼得感怀一生的事——她用双臂搂着彼得的脖子,给了他一个姐妹式的亲吻。

敞开心胸
去结纳音乐

我在倾听别人谈话时,感觉自己颇像春天里一块松软有隙的麦田,而他人的谈话则像长长的溪水,携带着青草的甜香汩汩渗入其间。

溪水与麦田交汇的刹那,两者达成了生命的默契。因为流水的灌注,麦田获得新鲜活力,麦粒因为灌浆充足会更加饱满;溪水因为麦田的吸纳,从而部分地凝为成熟的麦粒。因为没有白白地蒸发掉,它升华了自身的价值。

倾听别人谈话,在我是获得某种知识、经验和思想启迪的机会。所以,我更愿意做一个倾听者,而不是一个表达者。由于受经历的限制,许多知识并不来源于我们的经历,而是来自他人的生命实践。只要倾听,我们无须付出什么代价,就会成为一个思想上的既得利益者。只要善于用一双倾听的耳朵,再加上一个善于理解与同情的心灵,便足以使我们到达以前未曾到达的地方,获得以前未曾获得的东西。因此,我始终认为自己是一个在倾听中获益匪浅的人。

我总是能够得到倾听别人的机会。我不知道他们为什么相信我并且愿意向我诉说。我不反对别人胸有城府，但却尽量使自己胸无城府，因为使自己沉重和难以捉摸也是一种需要付出的代价。在接近我的人眼里，我或许更像一个心地澄明的孩子那样容易让他们放心。如果真是那样，我认为并没有什么不好。我愿意这样，因为在我们周围已有了太多的成熟者。这世界有一些成熟者已足够，有一些大智者也已足够，太多反倒让人觉得乏味。

我不是说自己根本不善于诉说，只善于倾听。不是，不是这样。只是在面对倾诉欲望比我更强烈的人，或者更需要我做一个倾听者时，我的诉说欲望就会收敛。我觉得倾听有时比诉说更为重要。这不仅是一种尊重，更是一种理解和关怀。我这样做的时候，感到自己的心灵同样获得了尊重、理解和关怀。

倾听让我感到来自他人的信任，有时则是一种幸福和快乐的感觉。没有什么比获得别人的信任更让人值得骄傲和欣慰的了。因为真的没有什么别的体验，可以超出如此神圣美好的心灵体验。物质生活带来的愉悦是短暂的，时间一长就会寡淡无味，只有精神体验带来的愉悦才是恒久深邃的。它像深埋地下的佳酿，时间越长，味道越是醇厚。

我知道人们并不轻易向人倾诉。当他们决定向你倾诉时，显然把你当做了朋友。这个前提是，面对着你，他们有一种安全感和信赖感。因此，作为一个倾听者虽然有时并没有语言的参与，但他确实在用心灵参与和表达，并传达着关注、理解、安慰与同情。

　　正如罗斯特罗波维奇在《音乐欣赏之道》中说的那样，"为了感受音乐的温暖，首先你必须敞开心胸去接纳它"，"就好比为了感受炉火的温度，首先你必须去靠近它"。当别人试图靠近我们诉说时，无论他是怎样的一种境遇，心灵是怎样的阴晦和寒冷，只要用心去听，总能使我们感到信任所带来的心灵上的温暖。而我们，作为倾听者，并没有更多地提供什么，却会使他们得到同样的感受。最终，向我们靠近的倾诉者，甚至会真正点燃我们心中圣洁的精神火焰。

　　我从不错过倾听别人的机会，哪怕他不认识我，哪怕他是多么的微不足道。因为我知道，当我接受他们时，我往往会听到发自心灵的天籁之音。我不无自豪地相信，单凭这一点，我就是幸福的。

学我这样，栽点花

多少年来，美国各地的花圃都以园艺学家大卫·波庇的《花草种子邮购目录》作为春的信息，到了该下什么花种子的时候，也就是某一个季节到了。大卫·波庇成了指点众人算计日子的人，因为在美国有成千上万个这样的花园、院子和公共的绿化带，波庇的话没有人不听的。连婚姻介绍所、殡仪馆、旅游公司、学校、机关、车站、码头……都就教于他。可波庇是个三句话不离本行的人，任你怎么绕，归根结蒂他总要绕到花草上去议论一通方可罢休。

一天，一个觉得生活很容易厌倦的青年人来向他求教："要想生活得惬意一些干点什么好？"

波庇反过来问那人："想惬意一阵子吗？"

"对，哪怕是一阵子也好。"青年人说。

"那你去吸上一点，一个钟头之内会惬意的。"

"不，那太短暂了，那玩意有毒，我不沾的。我想整个周末都过得惬意一点。"

"那你就突击结一次婚，好就好，不好的话，把周末一过就拉倒。"

这不像是很负责的咨询,青年人觉得这样胡搅乱搅不成,再说光是周末尽一下兴,周末一过又陷入无聊,也并不怎么好,于是没吱声。

"我明白了,"波庇说,"你想一整个星期都来劲,那你就把你那只乳猪宰了,吃上个把星期也就差不多了。"

"光是有那么一点口福,恐怕不……"

那话没说完,但后面带着个疑问号,不说完也罢。波庇说:"你是想一辈子都过得惬意些?"

对方也没吱声,那目光倒好像正是这个意思。

"那好说,"波庇指点着,"喏,学我这样,栽点花、种点草,让自己时刻感觉到春天。"说着他指了指自己那个院子,那可真是多姿多彩、鲜艳活泼,时值深秋,那儿却满院春色。年轻人悟着了什么,笑嘻嘻地走了,带走了一份《花草种子邮购目录》。

成功的源头

我做女孩时曾遇上一个男生开口问我借钱,而且张口就是借两元钱,在当时,这相当于我两个月的零花钱。我有些犹豫,因为人人都知道那男生家很贫穷,他母亲仿佛是个职业孕妇,每年都为他生一个弟弟或妹妹。她留给大家的形象不外乎两种:一是腹部隆起行走蹒跚;另一种是刚生产完毕,额上扎着布条抱着新生婴儿坐在家门口晒太阳。

我的为难令那个男生难堪,他低下头,说那钱有急用,又说保证五天内归还。我不知怎么来拒绝他,只得把钱借给了他。

时间一天一天过去,到了第五天,男生竟没来上学。整个白天,我都在心里责怪他,骂他不守信用,恍恍惚惚的总想哭上一通。

夜里快要睡觉时忽然听到窗外有人叫我,打开窗,只见窗外站着那个男生,他的脸上淌着汗,手紧紧攥着拳头,哑着喉咙说:"看我变戏法!"他把拳头搁在窗台上,然后突然松开,手心里像开了花似的展开了两元钱的纸币。

我惊喜地叫起来,他也快活地笑了,仿佛我们共同办成了一件事，让一块悬着的石头落了地。他反复说："我是从旱桥奔过来的。"

后来，从那男生的获奖作文中知道，他当时借钱是急着给患低血糖的母亲买葡萄糖，为了如期归还借款，他天天夜里到北站附近的旱桥下帮菜家推菜。到了第五天拂晓他终于攒足了两元钱，乏极了，就倒在桥洞中熟睡，没料到竟酣睡了一个白天和黄昏。醒来后他就开始狂奔，所有的路人都猜不透这个少年为何十万火急地穿行在夜色中。

那是我和那男生的唯一的一次交往，但它给我留下的震撼却是绵长深切的。以后再看到"优秀""守信用"之类的字眼，总会联系上他，因为他身上奔腾着一种感人的一诺千金的严谨。

那个男生后来据说果然成就了一番事业，也许他早已遗忘了我们相处的这一段，可我总觉得这是他走向成功的源头。

一诺千金看来只是一种作风，一种实在，一种牢靠，可它的内涵涉及对世界是否郑重。

父亲的那个拥抱

球王贝利出生在巴西海岸线附近一个贫困的小镇里,父亲是位因伤退役、穷困潦倒的前足球运动员。贝利从小酷爱足球运动,很早就显现出踢球的天分。因为家里穷,父亲没有钱买足球,但为了鼓励儿子贝利对足球的热爱,他用大号袜子、破布和旧报纸,做成了一个自制"足球"送给儿子。从此,贝利常常光着黑瘦的脊梁,在家门前坑坑洼洼的街面上,赤着脚向想象中的球门冲刺。

10岁时,贝利和伙伴们组建了一支街头足球队,在当地渐渐小有名气。足球在巴西人的生活中有着举足轻重的地位,因此,镇里开始有不少人向崭露头角的贝利打招呼,还给他敬烟。贝利很享受那种吸烟带来的"长大了"的感觉,渐渐有了烟瘾。但因为买不起烟,他开始到处找人索要。

一天,贝利在街上向人要烟时被父亲撞见了。父亲的脸色很难看,眼里充满了忧伤和绝望,甚至还有恨铁不成钢的怒火,贝利不由得低下了头。

回家后,父亲问贝利抽烟多久了,他小声辩解说自己只吸过几次。忽然，贝利看见面前的父亲猛然抬起了手，他吓得肌肉紧绷，不由自主地捂住自己的脸。父亲从来没有打过他，可今天他的错误确实有些大了，小小年纪就抽烟，而且还撒谎。然而出人意料的是，父亲给他的并不是预想的耳光，而是一个紧紧的拥抱。

父亲把贝利搂在怀中说："孩子，你有踢球的天分，可以成为一个伟大的球员。但如果你抽烟、喝酒、染上各种恶习，那足球生涯可能就至此为止了。一个不爱惜身体的球员，怎么能在90分钟内一直保持较高的水平呢？以后的路怎么走，你自己决定吧。"

父亲放开贝利，拿出瘪瘪的钱包，掏出里面仅有的几张纸币说："如果你真忍不住想抽烟，还是自己买的好。总向别人索要，会让你丧失尊严。"

贝利感到十分羞愧，眼泪几乎要夺眶而出，可当他抬起头时，发现父亲的脸上已是泪水纵横……

后来，贝利再没有抽过烟，也没有沾染任何足球圈里的恶习。他以魔术般的足球天赋和高尚谦逊的品格，被誉为20世纪最伟大的运动员。

多年以后，已成为一代球王的贝利仍不能忘怀当年父亲的那个拥抱，他说："在几乎踏上歧路时，父亲那个温暖的拥抱，比给我多少个耳光都更有力量。"

我在公园遇见了上帝

"原来上帝这么年轻,比我想象中的还要年轻得多!"

从前,有一个小男孩,他非常非常想见一见上帝。当然,他知道上帝住在很远很远的地方,要走很长很长的路、经过很长很长的时间才能到达。因此,他准备了一只手提箱,并在箱中塞满了巧克力,还有6瓶饮料,然后就开始了他的寻梦之旅。

走着,走着,不知不觉中他已走过了3个街区。这时,他来到了一个公园里,看到一位老太太坐在那里,正目不转睛地盯着那些时飞时落的鸽子。小男孩紧挨着她坐了下来,打开手提箱,拿出一瓶饮料,正准备喝时,无意中扫了老太太一眼,他突然发现老太太看起来似乎很饿,于是,他拿了一块巧克力递给她。老太太欣然接受了,内心充满了感激,她微笑地看着小男孩,那笑容是那么的慈祥、那么的亲切、那么的完美。小男孩感到心中舒畅极了,世界也仿佛充满了阳光,到处都是鸟语花香。他想再看一次她的笑脸,因此他又拿出一瓶饮料递给她。老太太又欣然接受了,并且又对他报以完美的微笑。小男孩高兴极了。

整个下午,他们就这样坐在公园里,边吃边笑,但他们却从未说过一句话。

天色逐渐黑了下来，夜幕降临了。此时，小男孩觉得十分疲劳，他站起身往家走去。但是，刚走几步，他却突然转过身，跑回到老太太身边，张开双臂，紧紧地拥抱了她一下。这次，老太太对他报以最完美的微笑。

当小男孩愉快地回到家里，走向自己房间的时候，她的母亲感到非常惊奇，她不知道究竟是什么事令儿子这么满面春风。于是，她问道："孩子，今天发生什么事了，让你这么快乐？"

"我与上帝共进午餐了，"他兴奋地答道。接着，还没等母亲反应过来，他又补充道"您猜怎样？她给了我最美好的微笑！啊，她是那么慈祥，那么亲切，那么完美！"他说这话的时候，神情仿佛是在回味下午与"上帝"共同度过的美好时光。

与此同时，那位容光焕发的老太太也喜气洋洋地回到了家里。看着老太太那安详、平和的神情，她的儿子感到非常吃惊。他疑惑地问道："妈妈，您今天做什么事了，这么高兴？"

"哦，今天我在公园里遇见上帝了，他还和我一起吃巧克力呢！"老太太兴奋地说道，那神情也仿佛是在回味着与"上帝"共同度过的美好时光。接下来，还没等她的儿子反应过来，她又补充道："你知道吗，原来上帝这么年轻，比我想象中的还要年轻得多！"

03

承认自己的缺点

妈妈，你知道吗

真不敢相信病榻上的朋友竟气色丰润，像久旱后的荒漠遇甘霖一般。几周之前，她还憔悴不堪、病体恹恹呢！她患了最残酷的那种病，手术后就完全垮掉，每天忧郁地面向窗外，将功能障碍的左臂一点点往上抬。爬山，爬呀爬呀，这样说着说着，眼泪就珠子似的滚出来。

化疗像个纠缠不休的大嘴巴鲨鱼，毫不留情地吞噬着她的头发、她的胃口、她的快乐和好不容易才编织起来的一点点奢望。每天要忍受剜心剖肝的呕吐，还要饮又黑又浓又苦的汤药。她气若游丝地自问：究竟为什么还苦苦撑着？

为了尚未成年的女儿啊！

她将答案清楚告诉我的时候，脸上洋溢着久违的笑容："我终于找到答案了，找到了我必须顽强活下去的理由。"

事情发生在星期天，女儿比平时晚了6个小时来看她。女儿的脸因为赶路热得红扑扑的，她兴奋地诉说着，她自己到姥姥家去过了。那是一条挺远的路，要倒3次公共汽车，还要走一段路。"妈妈，你知道吗，我买了和以前一样的东西送给姥姥。"从前，朋友经常领着女儿到娘家去。路上，则停在一个小店里，一如既往地买上三种老人最爱吃的食物：一只水晶肘子、一袋冻饺子、一篓红苹果。想不到，孩子都记住了，包括那么复杂的路线。路上车子那么多，女儿刚刚12岁，万一——朋友不敢假设下去。

说到结尾，女儿用手背盖住眼睛，哭了。"妈妈呀，到姥姥家的路上我害怕极了，但我一想到你，胆子就壮了。想我能自己看姥姥了，你一高兴，说不定病就好了！"

朋友泪雨滂沱地哭起来。女儿和她一起在同病魔抗争，女儿那么小，都知道不气馁、不言败，咬紧牙关向困难挑战，她怎么退却了？朋友突然想到命如草芥这句话语，自己视命如草芥，但在亲人的眼里，那小小的草籽也至关重要，与亲人息息相关啊！

我们，原来微小和卑微，原来痛苦和无奈，但却是一粒种，种在亲人的悲欢中。

我们，除了顽强生活之外，找不到任何理由放弃生命。

做人应该自信

我刚大学毕业分配到广州的时候，正赶上我们单位安装调试从法国引进的小型计算机生产线。这是我们国家花费巨资引进的第一条小型机生产线，对我国IT行业的发展有着历史性意义。生产线安装好后，有一批法国专家留在我们单位培训指导8个月，据说一个专家一天的报酬是我当时16个月的工资，还不算吃住路费等费用。

我是应用软件组的，指导我们组的法国专家叫勒比格勒。这家伙基本上没有什么培训计划，就是叫我们自己看资料学编程，不懂了再问他。让他闲着一个小时就等于浪费我两个月工资，所以我们组几个人白天黑夜地看资料编程序，不想太便宜了这老外。

有一天，我们编的程序已经基本调通了，但第二天回到机房，数据却怎么也写不到数据库里。反反复复查程序觉得没错啊，急得大家一身大汗。勒比格勒像没看见一样在边上坐着不吭声，看着我们折腾了一整天。快下班时大家实在没招儿了，只好很讨好地看着洋专家，希望他指点迷津，却发现这家伙挂着一脸的坏笑。组长若有所悟，去检查磁盘柜，这才发现计算机的写保护开关被打上去了，原来是勒比格勒一早故意拨了那个写保护开关，让我们的程序写不进去数据。

大家气得骂他破坏社会主义建设，翻译自然没翻译这些话给他听，但把勒比格勒的话翻译给我们了："明明程序是对的，为什么要一直怀疑自己呢？你们连这点儿自信心都没有吗？"勒比格勒说完，带着一脸恶作剧似的坏笑走了。

法国专家走后不久，我担任了一个大项目的设计师，主持设计一家大型企业的管理信息系统。用户见我太年轻，顾虑我难担重任，便要求我们项目组先做一个工资管理子系统试试，成功了再展开整个系统设计。

子系统很快编出来了，正准备投入试运行，却发现有些工资数据错得很离谱。我们自然是先检查所有程序，查了几遍查不到错误所在，后来甚至把相关的程序重新编写了一次，问题还是没解决。

查了一天又一天，用户已经快失去耐心了，我们项目组还是没一点儿办法，大家累得精神都有点儿恍惚了。难道就这样莫名其妙地失败了吗？我正对着主机面板上成排的闪闪烁烁的指示灯发呆时，突然间听到了"咔"的一声响，是空调自动启动的声音。我猛然想起勒比格勒的坏笑。

我马上叫用户把机房地板全部拆开，检查线路。结果发现空调机的地线接错了：本来应该与计算机设备的地线完全分开的，却不小心与磁盘柜的地线接在一起了。当机房温度升高时，空调机自动启动，瞬间产生一个电流脉冲，通过地线传给磁盘柜，如果刚好在写数据，自然就会写成乱七八糟的随机数据。

费了这么大劲，问题却根本和程序无关。只想在自己身上找错，却不料错误的根源是在我们脚下！问题自然解决了。用户方一再道歉，而且怀着内疚的心情一直很友好地配合我们，项目取得了圆满成功。

许多年过去了，我早已忘记勒比格勒教了我们些什么，但一直没有忘记的是他那张带着坏笑的脸。他让我明白，出了问题固然应该先在自己身上找原因，但自信心不足、不敢相信自己的正确，也往往会功亏一篑。做人应该自信。

成功其实离我们很近

1984年，在东京国际马拉松邀请赛中，名不见经传的日本选手山田本一出人意外地夺得了世界冠军。当记者问他凭什么取得如此惊人的成绩时，他说了这么一句话：凭智慧战胜对手。

当时许多人都认为这个偶然跑到前面的矮个子选手是在故弄玄虚。马拉松赛是体力和耐力的运动，只要身体素质好又有耐性就有望夺冠，爆发力和速度都还在其次，说用智慧取胜确实有点勉强。

两年后，意大利国际马拉松邀请赛在意大利北部城市米兰举行，山田本一代表日本参加比赛。这一次，他又获得了世界冠军。记者又请他谈经验。

山田本一性情木讷，不善言谈，回答的仍是上次那句话：用智慧战胜对手。这回记者在报纸上没再挖苦他，但对他所谓的智慧迷惑不解。

10年后，这个谜终于被解开了。山田本一在他的自传中是这么说的："每次比赛之前，我都要乘车把比赛的线路仔细地看一遍，并把沿途比较醒目的标志画下来，比如第一个标志是银行；

第二个标志是一棵大树；第三个标志是一座红房子……这样一直画到赛程的终点。比赛开始后，我就以百米的速度奋力地向第一个目标冲去，等到达第一个目标后，我又以同样的速度向第二个目标冲去。40多公里的赛程，就被我分解成这么几个小目标轻松地跑完了。起初，我并不懂这样的道理，我把我的目标定在40多公里外终点线上的那面旗帜上，结果我跑到十几公里时就疲惫不堪了，我被前面那段遥远的路程给吓倒了。"

在山田本一的自传中，发现这段话的时候，我正在读法国作家普鲁斯特的《追忆似水流年》，这部花了16年写成的7卷本巨著，有很多次让我望而却步，要不是山田本一给我的启示，这部书可能还会像一座山一样横在我的眼前，现在它已被我踏平了。

我曾想，在现实中，我们做事之所以会半途而废，这其中的原因，往往不是因为难度较大，而是觉得成功离我们较远，确切地说，我们不是因为失败而放弃，而是因为倦怠而失败。在人生的旅途中，我们稍微具有一点山田本一的智慧，一生中也许会少许多懊悔和惋惜。

快乐和胜利的信念

瑞士的埃尔德集团是目前全球最大的收银机销售公司。但在公司成立的最初几年，因业务代表的消极心态，曾让公司面临全盘溃败的窘境。在这关键时刻，是一个小鞋匠稚嫩的"演讲"，激活了所有销售代表颓废的心境。从此，濒临倒闭的公司走上了强盛之路。

那年，公司陷入了空前的财务危机之中。总裁查菲尔先生亲自来到业务代表中间探访。他深知业务代表是公司最重要的资产，而保护这些资产的最好办法就是要激发他们的活力。

查菲尔对这些神情沮丧的业务代表们说："我们的竞争对手，正在散布一些小道消息，说我们公司出现了无法克服的财务危机；还盛传谣言，说我们将削减业务代表，这些都不是事实。我今天来，就是召集各位，请大家如实地为自己辩护，诚实地说出自己的困惑。"

有位销售代表说："我的销售成绩下降，是因为我负责的那个区域正遭逢干旱，大家的生意都受到影响，没有人愿意购买收银机。还有，今年是总统大选年，每个人都在关心选举结果，大家的注意力都在总统身上，没有人有兴趣购买收银机……"

话音未落，第二位业务代表就站了起来，他的理由甚至比第一位更消极，言词中充满了茫然和颓废："我感觉公司快要完蛋了，就像一座岌岌可危的大厦，我承认我正准备跳槽。"

此时，业务代表中的一半人都坦陈自己确实在另谋出路。

查菲尔"腾"地跳到了椅子上，他激动地打断了业务代表们的话，镇定地说："现在休会5分钟，让我来擦擦鞋子，但请大家仍各就其位，后面将有精彩的内容。"

一分钟后，公司门口那个每天替员工们擦鞋的小鞋匠被人叫来了。查菲尔毫无顾忌地把鞋子伸了过去，并在大庭广众之下，与小鞋匠聊了起来。

"你几岁了？在我们公司门口，擦鞋有多久了？"查菲尔问他。

"我9岁，来了6个月了。"小男孩抢着说："我相信，我的努力会让很多人需要我……"这时，第一位演讲过的业务代表顿悟了，他说："我明白了，我们之所以销售得不好，就是因为我们光接受了别人的困难，被对方的困难吓退了，而没有在销售收银机的时候，用我们的快乐和胜利的信念感染对方并消除他的恐惧心理。其实，不管对方有多少困难，当你把自己的乐观和自信带给他时，他自然就会接受你。"

用欲望
来驱动

有位工人师傅，在工厂里干铆工，工资不多，也就800元多一点。

他妻子下岗后，自己买了一台小型豆浆机，在闹市街头给人家磨豆浆，一天也就挣个十元八元的。夫妻俩没钱买楼房，带着女儿住在简易的、低矮的破瓦房里。他们省吃俭用，一个月的收入勉强能够维持一家人的生活。

在他们家不远的地方，刚建成一家文具超市。每个星期天，这位工人师傅都要领着他们的女儿到这家文具超市里去转一圈。文具超市里的文具琳琅满目，非常精美，而且价格不菲。女儿站在文具架前，爱不释手地抚摸着那些诱人的文具，脸上总是露出了非常羡慕、渴望的神情。

这位工人师傅带着女儿来文具超市的头几次，售货员以为他们在为购买哪款文具而犹豫不定，取舍不决。但是，当她靠近这父女俩，热情地向他们讲解和推荐某一款文具时，父女俩总是微笑着，不置可否。售货员对他们的行为深感困惑，随后摇摇头走开了，索性任由他们在那里观看。

自从这家文具超市开业几个月以来，这位工人师傅说不清带着女儿到这里来过多少次了。可是，在这家超市里，他从来没有为女儿买过一样文具。

离他们家不远处，还有一家本市最豪华的星级大酒店。这位工人师傅也经常带着他的女儿到大酒店里玩耍。他的女儿特别喜欢去坐这家大酒店的门厅里那些宽大的沙发，小心翼翼地去感受它们的柔软，舒适和华贵。有时候，她还非常喜欢趴在沙发的扶手上，专心致志地观看那些服务生热情地招呼客人，为客人们提供各种周到的服务；或者观看服务生在柜台上一丝不苟地磨咖啡。

有一次，一名服务生终于忍不住了，好奇而又友善地问这位工人师傅：不消费为何总带女儿来这里？工人师傅笑了笑，憨厚地说："你问得很好。我们虽然没钱在这里消费，但是，我们想给孩子一个希望，想让孩子知道世上有那么多的美好和富足等着自己去努力，去追求……"

我们常说，授人以鱼，不如授人以渔。看了这位工人师傅和他的女儿的故事后，这句俗语的外延应当有所扩展：授人以渔，不如授人以欲。

登门槛效应

美国心理学家弗里德曼和他的两名助手曾做过一项经典的实验——他让其中一位助手去请求郊区的一些家庭主妇，让她们将一个关于安全驾驶的精美小标语贴在窗户上或在一个关于安全驾驶的请愿书上签名——这显然是一个很小的、对她们无甚妨碍的要求，所以很多家庭主妇都答应了。两周后，他让第二位助手在更大范围内访问那片区域里的家庭主妇，要求她们在今后的两周时间里，在院内竖起一个宣传安全驾驶的大招牌——这个招牌特意做得很大而且很不美观。

结果，在答应了第一位助手的要求的人中，有55%的人接受了第二位助手的请求，而在那些没被第一位助手访问的家庭主妇中，只有17%的人接受了第二位助手的请求。这种谋"丈"之前先索"尺"甚至先索"寸"的现象，心理学上称之为"登门槛效应"。

"登门槛效应"说明：如果一上来就登"高门槛"，向他人提出较多较高的要求，往往无法实现，如果先设"低门槛"逐步"登高"，对方比较容易接受。被求助者在不断满足求助者的小要求的过程中，已经逐渐在心理上适应了。此外，人们都不希望自己被他人看成是"反复无常"，常会一如既往地表现出热情慷慨的一面。

在现实生活中，我们时常会被拒绝：销售人员会被客户拒绝，记者会被采访对象拒绝，落入困境的人会被对方拒绝……能否被接受，并不取决于我们的愿望是否强烈，而是取决于我们选择和使用的策略技巧是否恰当。

俗语说："一步登天为拙招，得寸进尺方有效。"需要得到帮助或者许可时，我们可以根据对方的心理接受习惯，先将"门槛"降低，然后再慢慢达到自己的目标。

成功对你
意味着什么

[我们是贫穷的,但不是由于上帝]

福勒是美国路易斯安那州一个黑人佃农7个孩子中的一个。他在5岁时开始劳动;他在9岁之前,就以赶骡子为生。这并不是什么特殊的事,大多数佃农的孩子都是很早就参加劳动的。这些家庭认为他们的贫穷是命运安排的,因此,他们并不要求改善生活。

小福勒有一点同他的朋友们不同:他有一位不平常的母亲。他的母亲不肯接受这种仅够糊口的生活。她知道在繁荣昌盛的世界中她的家庭生活是贫困的,她认为这个事实一定是有些什么蹊跷的。过去,她时常同一个儿子谈论她的梦想:

"福勒,我们不应该贫穷。我不愿意听到你说:我们的贫穷是上帝的意愿。我们的贫穷不是由于上帝的缘故,而是因为你的父亲从来就没有产生过致富的愿望。我们家庭中的任何人都没有产生过出人头地的想法。"

没有人产生过致富的愿望。这个观念在福勒的心灵深处刻下了深深的烙印，以致改变了他整个的一生。他开始走上致富之路。他总是把他所需要的东西放在心中，而把不需要的东西抛到九霄云外。这样，他的致富的愿望就像火花一样迸发出来。他决定把经商作为生财的一条捷径，最后选定经营肥皂。于是他就挨家挨户出售肥皂达12年之久。后来他获悉供应他肥皂的那个公司即将拍卖出售。这个公司的售价是150000美元。他在经营肥皂的12年中一点一滴地积蓄了25000美元。双方达成了协议：他先交25000美元的保证金，然后在10天的限期内付清剩下的125000美元。协议规定如果他不能在10天内筹齐这笔款子，他就要丧失他所交付的保证金。

福勒在他当肥皂商的12年中获得了许多商人的尊敬和赞赏。现在他去找他们帮忙了。他从私交的朋友那里借了一些款子，也从信贷公司和投资集团那里获得了援助。在第10天的前夜，他筹集了115000美元，也就是说，还差10000美元。

[寻找灯光]

福勒回忆说："当时我已用尽了我所知道的一切贷款来源。那时已是深夜，我在幽暗的房间里，跪下来祷告。我祈求上帝领我去见一个会及时借给我10000美元的人。我自言自语地说，我要驱车走遍第61号大街，直到我在一栋商业大楼里看到第一道灯光。"

夜里11点钟,福勒驱车沿芝加哥61号大街驶去。驶过几个街区后,他看见一所承包商事务所亮着灯光。

他走了进去。

在那里,在一张写字台旁坐着一个因深夜工作而疲乏不堪的人,福勒不认识他。福勒意识到自己必须勇敢些。

"你想赚1000美元吗?"福勒直截了当地问道。

这句话使得这位承包商吓得向后仰去。"是呀,当然啰!"他答道。

"那么,给我开一张10000美元的支票。当我奉还这笔借款时,我将另付1000美元利息。"福勒对那个人说。他把其他借款给他的人的名单给这位承包商看,并且详细地解释了这次商业冒险的情况。

[让我们探索他成功的秘诀]

那天夜里,福勒在离开这个事务所时,衣袋里已装了一张10000美元的支票。以后,他不仅在那个肥皂公司,而且在其他7个公司,包括4个化妆公司、1个袜类贸易公司、1个标签公司和1个报馆,都获得了控制权。最近我们要求他和我们一起探索他的成功奥秘时,他用他的母亲在多年前所说的话回答道:

"我们是贫穷的,但这并不是由于上帝,而是由于我们的父亲从来没有产生过致富的愿望。在我们的家庭中，从来没有一个人想到改革。"

他告诉我们："你们明白，过去我知道我需要什么，但是，我不知道如何得到它。为此我阅读了《圣经》和一些励志书籍。我祈求得到能帮助我达到目的的知识。

"假如你知道你需要什么，那么，当你看见它的时候，你就会很容易地认识到它。例如，当你读书时，你将认识到一些良机能帮助你获得你所需要的东西。"

福勒随身带着一个看不见的法宝，这个法宝的一边印着"积极的心态"五个字，另一边印着"消极的心态"五个字。他把"积极的心态"这一面翻到上面，令人吃惊的事便发生了。他竟然能够把从前仅仅是梦想的东西变成现实。

在这里要注意的是，福勒开始谋生时所具有的有利条件比我们大多数人所具有的要少得多。但是他选择了一个很大的目标，并且奋力向这个目标前进。

对你来说，不论成功是否意味着像福勒那样的致富，是否像在化学方面发现一种新元素，或创作一首歌曲，种植一种玫瑰花，教养一个孩子——不论成功对你意味着什么——那个在一边装饰着"积极的心态"，在另一边装饰着"消极的心态"的法宝，都能够帮助你达到成功。

神来之笔

哈姆威是西班牙的一个制作糕点的小商贩。在狂热的移民潮中,他也怀着掘金的心态来到了美国。但美国并非他想象中的遍地是金,他的糕点在西班牙出售和在美国出售根本没有多大的区别。

1904年夏天,哈姆威知道美国即将举行世界博览会。他把自己的糕点工具搬到了会展地点路易斯安那州。值得庆幸的是,他被政府允许在会场的外面出售他的薄饼。

他的薄饼生意实在糟糕,而和他相邻的一位卖冰淇淋的商贩的生意却很好,一会儿就售出许多冰淇淋,很快就把带来的用来装冰淇淋的小碟子用完了。

心胸宽广的哈姆威见状,就把自己做的的薄饼卷成锥形,让他盛放冰淇淋。

卖冰淇淋的商贩见这个方法可行,便要了哈姆威的薄饼,大量的锥形冰淇淋便进入了顾客们的手中。但令哈姆威意料不到的是,这种锥形的冰淇淋被顾客们看好,而且被评为世界博览会的真正明星。

从此，这种锥形冰淇淋开始大行于市，逐渐演变成了现在的蛋筒冰淇淋。它的发明被人们称为"神来之笔"。有人这样假设：如果当初两个商铺不靠在一起，那么今天我们能不能吃上蛋筒冰淇淋也很难说。

在现在知名的食物中，炸薯片的发明也是这样的"神来之笔"。美国印第安人克鲁姆是餐厅中的厨师，有一天来了几个法国客人，他们嫌他制作出来的油炸食物太厚太硬。克鲁姆知道后很生气，他随手拿过一只马铃薯，切成很薄的片，扔到了油锅里。出锅后就送到了法国客人的桌上。谁知客人一吃，大呼好吃。从此这种炸薯片风行开来，最后成为许多人喜爱的食品。

别忽略你生活中的偶然，也许它就是你成功的开始。

有始有终，做人的礼节

迎来送往是日常礼仪的重要部分，可是许多人只注重"迎"，而忽略了"送"。去某人家，让座、敬茶、寒暄……极尽周到热情之能事，告别的时候到了，一出门，没走两步，"砰"的一声巨响从身后传来，让你的心冷冷地颤了一下。这样的情况，相信许多人都曾碰到过。

在待人接物、迎来送往方面，周恩来非常重视每一个细节。20世纪50年代的一天，周总理前去机场欢送西哈努克亲王离京。前往送行的还有军队的一些高级干部。大家笑容可掬、毕恭毕敬地亲切握手、拥抱、告别，又目送着西哈努克进了舱门。因为飞机起飞之际有场足球出线比赛，这些送行的高级将领一见西哈努克进了机舱，便迫不及待地四下散去，就像电影散场一样。

周恩来满面春风地站立着，静等飞机升空，突然发觉周围气氛异常。他转头一看，勃然变色。但他马上镇定了自己的情绪，只向身边的秘书轻语："你跑步去，告诉机场门口，一个也不许放走，我等下有话说。"整个送行过程中，周恩来始终立正站立，看着飞机起飞，在机场上空绕一圈，摆摆机翼，然后渐渐远去,渐渐消失……将军们也回来了,站在那里目送着飞机离去。随后,周恩来和前来送行的外交使节告别。直到外交使节全离开了,才面对那些将军:"你们都过来。客人还没走,机场已经没人了,人家会怎么想?你们是不是不懂外交礼节?那好,我来给你们上上课!"周恩来声音不高不低,语速不紧不慢地讲起了基本的外交礼节:"按外交礼仪,主人不但要送外宾登机,还要静候飞机起飞。飞机起飞后也不能离开,因为飞机还要在机场上空绕圈,要摆动机翼……"从那以后,这样的事再也没有发生过。

很多知名企业家也很注意送人的礼节。一位内地企业家在接受电视采访时谈到了他去李嘉诚办公室拜访李嘉诚的经历。那天,李嘉诚和儿子一起接见了他。会谈结束之后,李嘉诚起身从办公室陪他出来,送他到电梯口。更让人惊叹的是,李嘉诚不是送到即走,而是一直等到电梯上来,自己进了门,再举手告别,直到门合上。身为亚洲首富的李嘉诚肯定是日理万机,可他依旧注重礼节,亲自送人,没有丝毫的怠慢。这位内地企业家面对着电视机前的亿万观众动情地说:"李嘉诚这么大年纪了,对我们晚辈如此尊重,他不成功都难。"

今年3月,我出差参加展销会近一个月,总算结束了,买好了当天晚上12点的返程车票。晚上11点多钟,我出招待所的时候,招待所所长迎上来,微笑着说:"晚上天冷,衣服穿够了吧?"我便跟他打招呼:"这么晚了,还没睡啊?"他说:"我来送送你！"午夜时分，正是春寒料峭，我没有想到，所长还起来为我送行，心里顿时涌起一股暖流。从招待所到路边停着的出租车，也就十来米路。他帮我提着行李，扶着我的胳膊。他的手有力而温暖，在那异乡，给了我一种踏实、安全的感觉。走到出租车旁边，他帮我拉开车门，装好行李，待我坐进去后，说："好走，路上小心！"车子开走一段路后，我转过头来，只见他还站在那里挥着手。招待所门前行人稀少，附近楼房只是点点灯光，我的眼泪差一点涌了出来……

　　心理学上不但有首因效应，也有末因效应——最初的和最后的信息，都能给人们留下深刻印象，最初的印象尚可弥补，而最后的信息往往无法改变——"送往"的意义大于"迎来"。

　　送客礼仪是接待工作的最后一个环节。送客时应按照接待时的规格对等送别。"出迎三步，身送七步"是迎送宾客最基本的礼仪。因此，每次见面结束，都要以将再次见面的心情来恭送对方回去。送客如果处理不好，就将影响整个接待工作，使接待工作前功尽弃。

　　有始有终，而不是虎头蛇尾，这不仅仅是礼节，也是做人的要求。做人不能只做面前，而不管身后。

梦想是根会发光的羽毛

刚认识阮小美时,其实我对她印象不错。虽然有点儿矮,也有点儿黑,可一笑起来,却有种天真的纯朴在其中。一个乡下来的女孩儿,什么都没见过,看着有点笨,可毕竟是环境的错,我们也不能因此就去轻视她。

再者说,和那些挑剔的娇娇女们比起来,我倒觉得阮小美朴实憨厚没心机。和她做朋友,永远都是我一个人说了算,指东向东,指西向西,她的所有时间,几乎都可以是我的。

除了,除了每天早晨的两小时。

每天早晨5点钟,阮小美总会悄悄从上铺爬下来,一个人到阶梯教室去用功。其实,我们这种三流大学,没必要这么拼命。

出于好心,我说了阮小美两次,可是,她总用那蹩脚的普通话红着脸憋出一句:勤能补拙嘛。

阮小美是有点儿拙,可就算门门功课都100,她就能变成城里的精丫头吗?

而且事实证明,阮小美的功课,并没有到100。她天天拿出两小时去勤奋,期末考试时,和我这个天天睡到红日高升的懒虫比起来，也不过相差了两三分。

直到这时我才知道，她用功的根本不是专业书，而是什么播音基础训练。阮小美吞吞吐吐地用不标准的普通话告诉我，她的理想是当一名播音员。

看着她那矮胖的身材，听着她那方言浓重的普通话，我憋得面孔紫涨才没有爆笑出来。阮小美也太幼稚了吧，就是会说一口流利标准的普通话，长得这样普通，还想出镜？

为了让阮小美死心，我找机会带阮小美去了趟北京广院（即今"中国传媒大学"），那里的美女帅哥简直多如过江之鲫。

没想到阮小美根本就忽视了那差距，她低着头跟在我身后，出了北京广院后吐出一句话：将来能找个播音员的男友该多幸福，那些男孩儿的普通话可真好听。

我险些跌倒在地上。

阮小美根本不相信这个世界上很多丑小鸭是根本没缘分变成白天鹅的，所以，她义无反顾雄赳赳气昂昂地继续操练自己的播音员之梦。

得承认，大学四年，阮小美的普通话进步够神速，如果只听声音，不看她那老土的造型，你几乎真的会以为，她从来就是个城里的姑娘。

可是，这个世界，以声取人的并不多，所以，尽管阮小美使出了吃奶的力气去争取，可校园播音员的机会，还是轻易被别人拿了去。

她似乎有点儿失落，但很快就调整了自己的情绪，更刻苦地学习播音。大四后半学期，甚至自费去北京广院当了几个月的旁听生。

我们人人自危地到处找工作时，阮小美奔波在诸多电视台之间找机会。那些以貌取人的场子，不要说阮小美只是个三流大学的文凭，就是清华毕业又怎样？

我多次旁敲侧击地和阮小美提过，央视各个栏目组，北大毕业的美女也不过混个导播的差事。

阮小美不信那个邪，可我相信，生活早晚会教育她。

果然，没用半年，阮小美就蔫了。她心灰意冷地提着行李找到我，所有电视台都跑过了，态度好的，说声人满；态度不好的，看她一眼冷笑两声转身而去，话都不多费一句。

我什么都没说，暂时收容了阮小美。她自己躺了两天，最终黑着眼圈爬起来和我说：我也想清楚了，还是吃饭要紧，我先找个其他工作干着吧。

阮小美最终落脚在一家中介公司。

中介公司在大北窑，天天阮小美4点起床，提了包去倒公交车，到公司口干舌燥说上一天，顶着一头星星疲惫地跑回来。

我无意中发现，她的案头还摆着做了密密麻麻标记的播音教材。

阮小美不提当播音员的事了，她翻着教材轻轻笑。

原来，中介所那工作，她之所以能够在一帮职高生中PK而出，不是因为她的三流大学的学历，而是因为她的普通话标准。

世界上果然没有白费的努力，我拍着阮小美的肩膀感慨。她笑嘻嘻地和我说，已经在大北窑附近找到出租房了。

和阮小美分开后，我陆续换过好多工作，小公司文员、草台班子业务员，最严重的失业期，甚至还做过几天KFC的侍应生。后来，好不容易进入一家体制内单位，做个小科员，总算有了个铁饭碗。

自己心里很欣慰，翻出阮小美的电话打过去，想要叙叙旧，才发现，她早就不在中介公司干了。

让人吃惊的是，阮小美现在在一家电台做DJ。我半信半疑地打开收音机，午夜的节目中，果然是阮小美糯米一样甜软的声音。

那天她朗诵的是舒婷的一首诗，午夜的星光下，轻轻闭上眼睛，耳畔袅袅回荡的，是熟悉的阮小美式的希望："对北方最初的向往，缘于一棵木棉。无论旋转多远，都不能使她的红唇触到橡树的肩膀。这是梦想的最后一根羽毛，你可以擎着它飞翔片刻，却不能结庐终身。然而大漠孤烟的精神，永远召唤着……"

我的心忽然不可遏止地柔软下来，眼前闪现着那个矮胖的身影，晨曦中独自在阶梯教室用功的背影；喧嚣的人海中，一次次被拒绝的沮丧和失望，以及午夜的台灯下，一支铅笔在可能永远都实现不了的梦想地图上的勾勒。

阮小美的声音这时再次轻轻响起，她好似在温柔地呢喃，可声音中的坚定又沸腾着勇气和力量："对于很多人来说，梦想就是根会发光的羽毛，虽然无法逃避凋零的宿命，但借助它短暂的力量，我们却可以看到意料之外的光芒。这就是奋斗的魅力所在。"

伊辛巴耶娃的成功

前不久，乌克兰的顿涅茨克在洋洋洒洒的飞雪中，迎来了世界撑杆跳高室内赛的盛典。虽然已是春天，但顿涅茨克的寒风依然狰狞。一大早，体育馆内就已座无虚席了，人们都在交头接耳谈论着一个人，她是人们冒着严寒来到这里的唯一理由。

她，今年29岁，在体育场上虽然"年事已高"，但在人们眼中她却是一颗跳高赛场上的"常青树"。这位曾经的王者，在阔别赛场一年后，她再次撑起了跳杆，这一次，她能否延续辉煌呢？看台上的观众在期待中为她忐忑不安。

人们都认为"急流勇退"是功成名就后的明智之举，否则"晚节不保"。如果这次失败了，她的辉煌也许就此终结，毕竟她在赛场上的青春已经不再。

比赛开始了。她朝着欢呼的观众挥了挥手，那一弯挂在嘴角边的微笑，和几年前第一次刷新世界纪录时一样，还是那样的清晰。头两个小时，她没有参赛，静静地坐在看台上，看着其他选手比赛。

到了最后一节，她上场了。看过前面选手的比赛成绩后，她微微一笑，向裁判员示意首跳就要了4米60。远远地站定后，助跑、撑杆、起跳，她轻轻地掠过了横杆，整个过程是那样的流畅、完美。观看席上响起了热烈的掌声……

　　第二跳开始了，她要了4米75的高度，显然这个高度远在她的记录之下，她再次跳过了。第三跳会选多高呢？4米8吗？人们暗自忖度着。这次她要了4米85的高度。如果她能跳过这个高度，她就是冠军了！

　　霎时间，全场寂静无声，人们屏住呼吸等待着她的最后一跳。助跑、撑杆、起跳，她身轻如燕，在掠过横杆时尖叫一声，然后一个前滚翻站在了垫子上，她成功了！热情激动的观众全场起立为她完美的演出而鼓掌。很完美，三跳夺冠，简直就是传奇！她应该退出了……

　　但令所有人吃惊的是，她没有退场，她又向裁判示意要了5米01的高度，她要再跳一次。沸腾的体育馆瞬时间静了下来，人们都为她捏了一把汗，5米01将是一个新的世界纪录，如果失败了就会给她的复出留下遗憾，完美的三跳夺冠的传奇也不复存在了。

　　她双眼注视着5米01的标识，嘘了一口气。最后一次机会了，她助跑、撑杆、起跳一气呵成。遗憾的是，在最后收脚时，右脚碰到了横杆，横杆掉了下来。全场一片叹息，她向观众致意后退场了。

领奖后，她接受了记者的采访。有记者问："你如何看待今天复出的表现？"她定定地说："很完美！我比较满意！"记者不解地说："你最后一跳失败了，你不觉得遗憾吗？"她笑了笑说："我有个习惯，我喜欢用最后一跳的失败来宣告成功。对我来说，成功就是下一跳的失败……"

她，就是俄罗斯撑杆跳高名将伊辛巴耶娃，一个27次打破世界纪录、并保持世界纪录的传奇式运动员。她收获了作为一个运动员的最高荣誉，她满身光环，但她从不自满，她把成功定义为下一跳的失败，不断挑战，永不停歇，在她身上，成功和失败融为一体了，也许这就是伊辛巴耶娃横扫跳坛的杀手锏。

锻炼可以塑造强健的身体

他出生在一个幸运的家庭，有非常疼爱他的爸爸妈妈。可刚一出生，他就落下了呼吸道疾病，稍大一点儿，他的哮喘病也变得十分严重，细心的父亲常常是整夜守护着他。

小小年纪的他特别喜欢阅读和写作。他把每天的所见所闻和感受记在日记本上。有一次，父亲给他讲了一个名人传记小故事，后来，父亲发现居然在他的日记本上写了这样几句话："只要有机会，我一定能成为一名优秀的美国总统，也一定是一位好总统，我要去解决很多的大难题。"这让父亲吃惊不已。

可随着年龄的增长，他也渐渐地明白了自己与常人的不同，但他无法接受自己体弱多病的事实。他开始变得沉默寡言，把自己紧闭在一个小屋里，心理负荷也一天天地加重，渐渐地变成了一个面色苍白的少年，这让父亲感到非常焦虑和不安。

父亲明白一定要让儿子明白：生命在于运动，只有运动才能更加健康。也只有这样，他的儿子才会有希望。于是，在他11岁生日的那天晚上，父亲特意为他开了一个生日派对。在晚会上，父亲和母亲身着华丽的晚礼服，当儿子在许愿的时候，父亲和母亲来到舞池的中央翩翩起舞。当父亲看到他羡慕的眼神时，示意妈妈主动邀请宝贝儿子。令他想不到的是，他和妈妈配合得非常默契，圆满地完成了一支舞曲，顿时，他赢得了许多掌声。

父亲觉得时机来了，就笑着对他说："没有强健的身体做保障，你没法完成你的舞曲，不能施展你的才华，不能实践你的梦想。身体是可塑造的，你必须锻炼身体，我相信你能做到。"说完以后，父子俩还一起拉了勾。

从那以后，他再也没有把自己囿于那间安静的小屋了，在他的生活里，开始了另外一门必修课——运动。善解人意的父亲把阳台改造成了一个设施完善的健身房，这里成了他最受关注的地方。

他常常一连几小时在那里举哑铃、蹲杠铃、击沙袋。他在这里开始找到了自信。只要是在体能上取得任何一点点进步，他都兴奋不已。这也让他的脸色越来越好，身体慢慢地恢复了。父亲的脸上终于露出了久违的笑容。

后来，小小健身房已经无法满足他了，他开始喜欢上旅行了。短短的一年间，他不仅去了欧洲，还去了远东和非洲。这时，他真的感觉和常人已经没有什么两样了。尤其是有一次，在父亲的陪同下，他还专门到尼罗河三角洲搞了一次远途跋涉，健朗的父亲没能坚持到最后，而他却在体力不支的情况下，依然跑到了目的地。

由于身体上的好转，他的心情非常愉快，他总能以充沛的精力投入到学习中去。几年以后，由于他的才华横溢，成绩斐然，他被哈佛大学录取。再后来，他放弃了自己的本行——动物学研究，而开始了自己的另一种生活，他走上了从政的道路。

在多年政治生涯里，他放弃了许多业余爱好，唯独没有放弃健身运动。他不断地提醒自己，不断地塑造自己，因而他也总能以充沛的精力把每天的事处理得井井有条，以饱满的热情周旋于各项政治斗争中，从而在历史上留下了最美丽的一笔。他就是美国历史上赫赫有名的罗斯福总统。

这位幽默的总统在各个大学演讲时，总不忘慷慨激昂地说这样一段话："人活着，需要有梦想支持；光有梦想不行，要有好的身体。因为身体是梦想的翅膀，只有拥有健康的翅膀，我们才有机会展翅翱翔。"

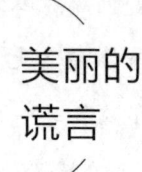

美丽的谎言

"如果你说谎,就会像那个哥哥一样被狼吃掉。"在蒂娜刚学会说话时,曾在中国工作过的父母就经常给她讲"狼来了"的故事,他们教育蒂娜要做一个诚实的孩子。

蒂娜从小就喜欢钢琴。蒂娜聪明而刻苦,14岁练习贝多芬《命运交响曲》,竟把手指磨出老茧。15岁那年冬天,天气特别冷,蒂娜因晚上坚持迎着暴风雪去上钢琴课而患了肺炎,不得不住进了医院。

蒂娜的病房是三人间,她的床在中间,左边是一个即将退休的女教授,右边是个和蔼可亲的卡尔森太太。女教授的女儿是医生,母亲的病历收藏得严严实实的。有一天,女教授的女儿不在,小护士竟把ECT(加强CT)诊断报告稀里糊涂地送到女教授手中。她见报告上写着:肝Ca(癌症的缩写)晚期。这个消息对于一个知识女性来说,无疑是一纸死亡宣判书。她掩面而泣,哭诉上苍的残酷,一头倒在床上再也没起来。由于精神崩溃,半月后便离开了人间。

蒂娜非常震惊——把事实真实地传递给患者竟然加速了患

者的死亡进程,"狼来了"的故事在这里绝对禁用。母亲对蒂娜说:"病人也必须讲道德:一、最好别打听病友是什么病;二、即使知道也万万不可对病人讲——因为,在这里住院的人,有许多是癌症患者,这是要命的病。"

住在左床的女教师离去了,这让住在蒂娜右边的老奶奶慌了神。老奶奶天天追问医生她是什么病,是否也得从医院后门被蒙上白布抬出去。医生告诉她是肺炎,她却半夜溜进护士的值班室,偷来了自己的病历。她叫"醒"佯装熟睡的蒂娜。病历上写着:右肺下叶中心型Ca。"Ca是什么病?"老奶奶问。蒂娜一时很为难。15年来,她没说过半句谎话,此时怎么办?对一个老奶奶说谎话,这是多么难为情的事啊。她灵机一动,想起一根救命稻草:"啊,对了,您那肺叶上有钙,过去有肺结核,现在钙化了。"老奶奶半信半疑:"那我为什么还咯血?""医生不是对您说了?有点肺炎,跟我一样。""小姑娘,Ca是钙吗?你不骗我?""当然,您看,这里有证据……"蒂娜翻开化学课本中的元素周期表,指着上面的"Ca"给老奶奶看:"你看,这是国际通用的元素周期表,"Ca"在这里,是钙的缩写。教科书还能骗人?"老奶奶凝视着蒂娜天真无邪、渴望信任的大眼睛,紧紧抱住这位报喜的天使哭了。

老奶奶美美地睡了一宿踏实觉,不过,蒂娜却一夜未曾合眼——老奶奶因为没了思想负担,一整夜睡得鼾声如雷。第二天,蒂娜问老奶奶打鼾的事,老奶奶说:"我又打鼾了吗?嗨!好久没睡得这样香甜了！你不会要求奶奶今晚戴着口罩睡觉吧？"蒂娜听了老奶奶那么幽默的话，笑得直不起腰来。老奶奶主动向护士承认了自己偷拿病历的错误。护士惊讶地看着老奶奶，她奇怪，这个病人知道自己得了癌症为什么还会如此乐观，甚至是高兴。

蒂娜把自己编织的谎言偷偷告诉了护士，护士抱住蒂娜连说："谢谢。"

医生谎称老奶奶肺部感染扩大，给她切掉了患癌的肺叶。令所有医生和护士感到惊奇的是，不到一个月，老奶奶竟康复出院了。她的大女儿为了感谢蒂娜那有根有据、天衣无缝的美丽谎言，愿接受这位机灵的小姑娘做她的学生，义务教蒂娜钢琴课。当蒂娜得知新老师的大名时惊呆了！她就是德国最著名的钢琴家安妮·索菲·穆特尔！

名师出高徒。蒂娜的演技一跃成"家"。去年她录制了第一张自己的演奏专辑光盘，很快销售一空。今天，这位18岁的清纯漂亮的女钢琴家每天坚持练习5个小时。日前又录制出版了老师安妮作曲、她本人演奏的第二张光盘，专辑的名字就叫《美丽的谎言》。

老奶奶倾听唱片，击掌打拍，摇头晃脑，大感不解地问："我怎么听不出这谎言到底美丽在哪里？"

安妮对蒂娜使个眼色，狡黠一笑："妈妈，您仔细听，这美丽就在七彩的音乐里，在人类的心灵里！"

承认自己的缺点，寻求改变

一次同学聚会上，有位漂亮女孩在喋喋不休地抱怨她东家的不是。女孩说，那东家是个死板的法国老夫人，经常指责她这里做得不对，那里做得不对。女孩跟她聊天，她又说女孩的法语发音不准。

漂亮女孩说的那位法国老夫人是个因体胖而行动不便的老人。她的女儿在上海的一家公司工作。女儿为了照顾老夫人，把她从法国接到了上海，然后雇了能讲法语的女大学生做保姆。但许多女大学生都在这位苛刻的法国老夫人面前败下阵来，有的不辞而别，有的不能忍受老夫人的指责，索性与她争执。

正在漂亮女孩义愤填膺的时候，有个胖女孩凑上来，轻声问她："那你是不是不愿意再做下去了？如果你辞职，能否把照顾那位法国老夫人的工作让给我？"漂亮女孩一听，说："那好啊，我正求之不得呢。你肯定要受这待人苛刻的老夫人的气的。"

但谁也没有想到，胖女孩真的成为老夫人的护工后，短短几个月，她和老夫人相处得非常好，更让人不可思议的是，这位老夫人还动员她在法国的社会关系，让胖女孩到法国去深造。不久,胖女孩获得了法国一所大学的正式邀请,还获得一笔学习资金。来年春天,她就可以赴法国深造了。

许多人都觉得非常奇怪,为什么那么多的女孩子都不能忍受老夫人的脾气,唯有她,不仅与老夫人和睦相处,而且还能得到老夫人的帮助呢?胖女孩说:"老夫人的确很苛刻。我去照顾她的第一个月,她经常挑剔我这里不对,那里不对。譬如我的走路姿势不对,坐姿不对,眼神不对。有一次,我帮她取一块沙琪玛,我是用手直接拿给她的,老夫人突然大怒,她斥责我没有教养,说应该把沙琪玛放在碟子上递给她。当时,我眼泪差点下来了,真的想辞职。但事后,我觉得,用手直接取食物给她,的确不太妥当。"

胖女孩是个不服输的人,她觉得老夫人的批评真的太没道理,太刻薄了。但是,当她审视自己时,却脸红了。老夫人批评她走路姿势不对,她回家对着镜子看,果然发现她走路的时候有轻微的跳动;老夫人说她坐姿不对,她下意识地观察自己的坐姿,发现自己坐下时,双腿没有合拢,真的很不雅观;老夫人说她眼神不对,她偷偷对着镜子观察,发现她看人的时候,有一点点的斜视。原来,老夫人说的一切,全是对的。只不过,因为自尊心的原因,她在心里排斥着。

后来,胖女孩知道了老夫人的一些身世:她出身在里昂城一个贵族家庭,从小就接受了上层社会的良好教育。她是那种处事极有条理，生活极其精致的人。

　　自从她知道自己的缺点后，对老夫人的刻薄的批评有了全新的理解。老夫人的性格不可能改变，而老夫人所批评的，正是自己的缺点，自己为什么不能改变呢？此后，每当老夫人提出批评时，胖女孩不再对抗，而是认真去想，自己到底对不对。如果不对，她就努力去改正。她还阅读了大量的资料，了解法国人的一些生活习俗和禁忌。

　　从此，老夫人很少批评她，她经常坐在客厅里，听老夫人讲一些故事，有时候，她会插上几句。听到开心处，一老一小会发出阵阵笑声。有一次，老夫人带着欣赏的眼神看着胖女孩，由衷地说："你真优雅，很迷人。"胖女孩真的变了，她的神态变得安静了，她的气质变得优雅了，还有她的法语口语发音，她说话的神态，她的眼神……老夫人还是第一次这样肯定她，而且把她与自己心爱的外甥女相提并论。

　　胖女孩说，人就像一株含羞草，一遇上外界的小小侵犯，就会把自己重重保护起来。其实，如果换一种角度，换一种思维去理解，这刻薄的但又精致的老夫人就是自己的一位生活导师，在挑剔面前，你所选择的只能是：承认自己的缺点，寻求改变。

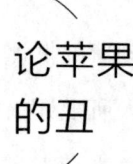

论苹果的丑

这是一位台湾作家讲过的一个小故事。

一个卖水果的摊主遇到了一位难缠的老太太,"这么难看的苹果也要卖5元1斤吗?"老太太拿着一个苹果左看右看。

摊主很耐心地解释,"其实我这苹果还是很不错的,你可以去别家比较比较。"

老太太说:"4元1斤,不然我不买!"

摊主笑着说:"我卖的都是5元1斤,没有二价……"

"可你的苹果个头不大,而且颜色也不好看,很丑的!"老太太显然很有意见。

"如果又大又红又漂亮,就要卖10元1斤了。"摊主依然微笑着。无论老太太怎么贬低苹果,摊主始终面带微笑不急不躁地解释。

最后,虽然嫌苹果这不好那不好,老太太还是以5元1斤的价格买了一些"丑苹果"。

老太太拎着"丑苹果"走了,作家对摊主说:"她这样贬低你的苹果,你为什么一点儿也不生气?"

摊主说:"我为什么要生气呀?嫌货才是买货人啊!"

的确,只有那些挑三拣四、嫌货不好的人才是真正想买货的人。比如那位老太太,虽然嘴里数落着苹果的诸多缺点,但在她心里对"丑苹果"还是比较满意的。也就是说,她是想买苹果的,若是不想买,即使那苹果再小再烂,老太太也不会关心苹果的优劣,更不会妄自评价。

一个小师弟结婚才半年,就跑来找我诉苦,说他的妻子对他总是"横挑鼻子竖挑眼",几乎每天都要挑出他的一大堆毛病:饭后不洗碗,睡前不洗脚,炒菜没味道,电视机的声音开得太大……

小师弟的牢骚还没发完,就被我打断了,我把作家讲的那个故事告诉了小师弟,小师弟有点迷惑:"你的意思是……我是'丑苹果'?"

我肯定地对他说:"你就是那个'丑苹果',和老太太的心理一样,在你妻子心里,对你还是满意的。不过,你和'丑苹果'又有所不同,'丑苹果'生来就是那副丑样子,已经无法改变,而你比'丑苹果'有优势,你是可以改变的,你完全可以变成一个让你妻子满意的完美苹果。"

你的自信
帮助了你

尼克斯是一个普通的男人。他从未遇上过什么特别好的事，也从未遇上过什么特别坏的事。像许多人一样，他心甘情愿地过着这种不好不坏的生活。

但是，尼克斯有一点与他身边的许多人不同，那就是他绝不迷信。他不相信诸如黑猫从身边跑过、碰倒盐罐、在屋内打开雨伞这些事情会给一个人带来好运或者坏运气。

尼克斯经常光顾他家附近的一家酒馆，在那里和朋友喝咖啡、聊天。朋友们喜欢打牌赌钱、赌马、买彩票，尼克斯从不参与，因为他从不相信碰巧和运气。

一天早上，尼克斯在刮脸的时候，注意到墙上的镜子有些歪了。他伸手去把镜子扶正，没想到镜子从墙上掉了下来。伴着一声巨响，镜子碎了。尼克斯记得有人曾说过："打烂一面镜子，要倒霉7年。"也就是说，这是一个不祥的预兆。但尼克斯认为这纯粹是胡说。他捡起碎片，丢进垃圾桶，然后继续刮脸。

刮完脸后，他走进厨房做早餐。当他拿起盐罐的时候，盐罐从他手上掉了下来，摔得四分五裂，盐洒得到处都是。他知道，根据某些人的说法,这也会给他带来坏运气。但尼克斯根本没把它放在心上。

在上班的路上,他看见一只黑猫从他身边跑过。他没在意,继续哼着歌儿一路前行。

到达公司后,尼克斯把这一切告诉了他的同事。"今天你要倒霉了。"他们都说。但什么坏事情也没发生。

晚上,尼克斯和往常一样来到酒馆,把今天所发生的一切告诉了朋友们。所有的朋友立刻离他远远的:"你就要倒霉了,我们不想被你连累。"

尼克斯和往常一样坐在吧台前,等着坏事情落在他身上。但整个晚上,什么坏事情也没在他身上发生。

"尼克斯,过来和我们玩牌吧!我肯定赢!"一个朋友笑着说。往日尼克斯不玩牌,但他决定今晚玩一把。他的朋友把一大沓钞票放在桌子上,所有人都认为尼克斯肯定会输。

但事情并非他们想象的那样。

尼克斯赢了。朋友不服气,再跟尼克斯玩骰子。然而,又是尼克斯赢。再玩另一种游戏,又是尼克斯赢。"继续吧,尼克斯!"他的朋友们狂喊道,"把你赢来的钱都买彩票!"尼克斯按他们所说的去做了。

第二天下班后,尼克斯准时来到酒馆。彩票开始摇奖了,每个人都紧盯着电视屏幕。首先开出来的是三等奖,是尼克斯所买的号码；然后是二等奖，是尼克斯的另一张彩票上的号码；最后是一等奖，又是尼克斯所买的号码。他包揽了三个大奖。

这简直令人难以置信。大家认为昨天在他身上所发生的事情会给他带来霉运，但竟然给他带来了好运！

第二天，尼克斯买了一本关于迷信的书，书上讲的都是世界各地关于迷信的说法。读完书后，他决定每件事都做一遍，看这些事是否会给他带来霉运。他把空瓶子留在桌子上；他叫妻子给他剪头发；他接受一盒作为礼物的小刀；他脚朝门口睡觉；他把一根蜡烛放在镜子前；他买号码为6或者13的东西；他在小舟上吹口哨……然而，随着他做的事情越多，他的运气就越好。他再次中了彩票。每晚在酒馆玩骰子游戏，他都赢。事情变得越来越疯狂，他买了一只黑猫做宠物，还故意打烂了几面镜子。

他做了更多迷信的事情，但他变得更幸运。一天晚上，他又来到酒馆。"你们看，"他对他的朋友说，"一切都好得不得了！迷信是胡说！那些荒谬的事情我做得越多，我就越幸运。"

"但是尼克斯，"他的一个朋友答道，"你难道没察觉，其实你像我们一样的迷信？当你看到打破迷信反而给你带来好运的时候，你更执著于去做那些事情，你的所为本身就是一种迷信。"

尼克斯认真想了朋友所说的话。然后，他承认确实是那样。他是那么执著去打破那些迷信，在某种程度上说，他确实是在注意那些迷信。

第二天，他不再做那些迷信的事情。他又做回了以前的那个尼克斯，有时候运气好，有时候不好。他不再不相信迷信，但他也不相信迷信。

他的朋友对他说："尼克斯，是你的信念带给你好运。是你的自信帮助了你，不是迷信。

尼克斯认为朋友说的对。然而他总是在想，如果他没有打烂那面镜子，又会发生什么呢？

换种方式
会更好

它6岁，漂亮，有褐色的毛发、黑色的眼睛和健康的牙齿。我一眼就相中了它，把它买了下来。

它叫"超人"，是我养的第一匹马。对于驯马我一无所知，后来我才知道，买下一匹未驯服的小马就像买了一件未做完的家具。我只好请来了驯马师。

第一位驯马师悉心调教了"超人"6个月，它没有任何变化。我换了个驯马师，又白搭了6个月的学费，结果还是一样。

第三位驯马师明确表示：他只需两个月就能交给我一匹驯顺的马。

听起来不错。

他建议："别来看它，过一个月你再来，准能看出变化。要是你天天来，我就没法驯马了。"我当然遵命。

一个月后我果然看到了变化——"超人"取得了明显的退步！当驯马师为我试骑时，它连甩头带尥蹶子，差点把驯马师摔下来！

"这很正常，"驯马师自信满满地说，"有的马在进步之前必然先退步。"

听起来有道理。

他又说:"你的马不一般,常用的方法都不好使。"

我不禁怀疑这次的钱是不是又要打水漂。不过我还是决定坚持完两个月,看看到底如何。

又过了3周,驯马师通知我去验收成果。我估摸还得准备几个月的学费,可我错了。

驯马师给"超人"装上马鞍,骑了上去。它的进步简直令人难以置信!对于驯马师的指令它不但乖乖听从而且反应迅速——走步、快跑、慢跑、停止、转向……

我忍不住向驯马师讨教:"我也是搞训练工作的,不过我训练的对象是教师,教他们如何培养有责任心、进取心、听话的好学生。我很想知道,你是怎样驯好这匹马的?"

他咯咯地笑着说:"要知道,谁也无法强迫一只1200磅重的动物做任何事情。很早以前我就明白了一个道理——要想改变一匹马,最好的方法就是改变自己。在和一匹马打交道时,我唯一确定能够改变的就是我自己,所以如果马不听话,我就改变我的做法。我不断变换驯马方法直到找到有效的一种为止。"接下来他列举了一大堆曾对"超人"使用过的方法。"你的马变好了,只是因为我变聪明了。它是个真正的挑战,几乎让我黔驴技穷。不过这恰恰考验我能否不断做出适当的调整。我喜欢这样的挑战。"

驯马师的话引起我的深思。驯马与育人有着何其相似之处——谁也无法强迫学生的言行；要想改变学生，最好的方法是改变教师自己；如果学生不听话，就改变教育方法，要不断变换方法直到找到奏效的方法为止。难教育的学生实际上是对教师的考验，就看你能否不断做出适当的调整……

回想几十年的教学生涯，我常常听见教师们抱怨学生"朽木不可雕也"。其实，有很多人一辈子只知道用一种固有的方式去教书育人，从没想过要改变自己。他们真该学一学这位优秀驯马师的"为师之道"啊！

04

人生没有
第二次选择

多给别人一次机会

巴黎有个年轻小伙子劳·克利勃，学得一门不错的手艺，能做可口的早点。几经打拼后，他决定自己做老板开一家早点店。经过一番努力，早点店在一个人口相对集中、上班族较多的黄金地段如期开张。克利勃有模有样地开始了他的经商之路。

然而，经过初期的运作，早点店的生意并非他想象的那么兴隆。因为这儿虽然人口集中，上下班的人较多，但这条街上的小饭馆、早点店几乎一家挨着一家，达几十家之多。他的早点店跟其他饭店一样，特点并不突出。也就是说，由于他的早点店缺乏特色，没有鹤立鸡群的感觉，因而光顾的客人并不多。

克利勃百思不得其解。按说，他的手艺不错，但早点店为什么会这样冷清？要知道开这个早点店曾给了他无限希望，如果利润达不到预期效果，那就面临着关门的危险。

一天下午，结束了早点店里的工作之后，克利勃来到街头散步。那儿有一个修鞋的小摊子。没事的他决定让人收拾一下自己的鞋，以便更舒服一些。没想到，这小小的修鞋摊竟然让他眼前一亮。

克利勃发现，那些来这儿修鞋的人都爱往这一个修鞋摊上跑，其中不乏那些打扮入时的年轻女孩。有的人就是多走几步路，越过几个摊位也要来这儿修鞋。他怀着好奇心走过去瞧了瞧，起初没发觉什么特别之处，而且那个摊子主人的修鞋技术并不见得比别人强。可为什么人家都爱往这里来呢？后来，他经过仔细观察才发现奥妙之处：这个修鞋摊的旁边放了一面镜子，来这儿修鞋的人在等待的时间里，可以顺便通过那个镜子看看自己的仪容；当穿上修好了的鞋后，又可以在镜子前挪几步，看看是否影响形象，然后才放心地离去。

这一面不大的镜子竟吸引来了这么多的顾客，克利勃猛然醒悟，这个修鞋的人真是聪明至极！他不仅给人们修鞋，而且给人们"修心"，让人们借此看到自己的美好形象，增强自信心，再放心地离去。

受启发的克利勃立即返回他的早点店，开始着手重新装修店铺。

此后，在这里就餐的顾客都会发现，这个早点店除了服务周到、饭菜可口外，还在每个桌子上镶嵌了一面镜子，而且店里的各个角落也安装了大大小小、形状各异的落地镜。除此之外，早点店还专门还开辟了一个小屋，安装了化妆用的镜子，还有一个小水龙头。

谁也没想到，就是这些镜子让克利勃大发其财。因为，在巴黎这个生活节奏很快的城市，人们早上上班都来不及化妆，如果在上班的车上化妆会很麻烦，于是不少人就选择了一边等着用早点，一边快速、简单地化化妆。因此，镜子的需求就成了必然。当克利勃的早点店在餐桌上安装了镜子后，很快赢得了顾客的喜欢。早餐用完后，妆也就化完了，顺便再用龙头里的水漱漱口，没有浪费什么时间。所以，他的早点店每天门庭若市，有的人甚至多跑一两条街也要来这儿用餐、化妆，有的人借着用餐的机会顺便看看自己的仪容……用一位常客的话说就是：不知为什么，我走进这个店里，就感觉眼前豁然开朗。美美地照上一回镜子，就有了精神，然后我就神采奕奕地去上班。"克利勃并没有就此打住，而是不断扩展，先后在其他地方快速开辟了自己的早点连锁店，并且形成规模。现在，他的早点连锁店每月赢利都在千万欧元以上。

　　人有个通病，自己身上有了污点，一般都不好意思让别人指出来，而想对着镜子悄悄地擦去。另外，无论是上班还是去做事，人都很重视自己的仪表仪容，只有见到镜子，亲眼瞧了，才会放心地挺起腰杆子。克利勃由于想到了为别人准备一面能看到自己污点的镜子、一面表现自己的镜子，从而使得自己财源滚滚、日进斗金。

　　所以，给别人一面镜子，就是给了别人一次机会，同时也为自己开辟了财富的源泉。

不怕报应的
史学家

晚清著名经学家、史学家和金石学家张澍,由于性格刚直,在官场上处处受人排挤,于是决定弃官回家,将主要精力投到研究学问上。

一天,他和一位朋友到感应寺游玩。两人一路谈笑,不觉已走到寺院深处。这时张澍突然看到眼前有一个四面被人用砖泥砌封得严严实实的亭子。这个亭子为什么要砌封起来呢?

寺里的和尚告诉张澍,这是一个被诅咒的亭子,封在这里已有几百年了。当地流传着这样一种说法:凡是打开封砖的人,都会遭到可怕的报应。所以几百年来,没人敢靠近这亭子一步,而里面究竟藏着什么,现在已没人知道了。

张澍天生胆大,对民间所谓的报应一说向来不以为然。他向和尚提出要找人来打开砌封看个究竟,还对天发誓说,开封后如有灾祸,全由他一人承担,绝不连累别人。在张澍的一再恳求下,和尚总算答应了。

随着封砖被一点点凿开,一块高大的黑色石碑显露出来。碑身呈半圆形,四周刻着忍冬花纹,碑文的正面,密密麻麻地刻满了工整的楷体字。这些乍看上去好像全都认识的文字，仔细看却没有一个认得。

这究竟是文字还是什么特殊的符号呢？

张澍立刻叫人把亭子四周的封砖全部拆除。当然传说中的天灾报应并没有应验，但是接下来所发生的事，却给这位学者带来了更大的震撼。

石碑的另一面刻着汉字，与同类石碑相比并没有什么特别之处。然而，再往下看，一行小字立即引起了张澍的极大兴趣。建碑的年款一行赫然写着："天民安五年岁次甲戌十五日戊子建"。张澍知道"天民安"是西夏年号，他由此断定，碑上那些奇怪的文字竟是已"死亡"了几百年之久的西夏文字。

这块石碑就是现在被称作"天下绝碑"的"重修凉州护国寺感应塔碑"（即"西夏碑"），它的发现不仅拉开了西夏学研究的序幕，而且还让一个"被遗忘的王朝"——曾经辉煌一时的西夏由此拂去历史的尘埃，渐渐在世人的面前清晰起来。

张澍是自西夏文消亡后第一个识别出它的学者，他把这一重要发现记在《书西夏天民安碑后》一文中，于1837年收入《养素堂文集》中刊出。他也因此成为乾嘉时期西北史地与西北文化研究的领军人物。

这是上天馈赠给勇敢者的礼物。对于一个学者来说，难道还有比这更珍贵的礼物吗？

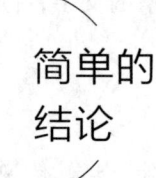

简单的结论

第二次世界大战期间,在美国空军中曾流传过三块钢板的故事。

第一块钢板的故事是运输机飞行员讲的。

在飞越驼峰航线支援中国抗战时,美军的运输机队常常遭到日军战斗机的偷袭。C-47运输机只有一层铝皮,日军的零式战斗机在屁股后面紧追,一通机枪扫射,飞机上就出现一串窟窿,有时子弹甚至能穿透飞行坐椅,夺去飞行员的生命。情急之下,一些美军飞行员在坐椅背后焊了一块钢板。实际上,在与日本飞机激战时,中国空军的飞行员早就用过这个方法。就是靠着这块钢板,他们从日本飞机的火舌下夺回了自己的性命。

第二块钢板的故事来自一位将军。

诺曼底登陆时,美军第101空降师副师长唐·普拉特准将乘坐滑翔机实施空降作战。起飞前,有些人自作聪明,在机头位置副师长的座位下装上厚厚的钢板,用来防弹。但他们没有想到,由于滑翔机自身没有动力,与牵引的运输机脱钩后,必须保持平衡滑翔降落,而沉重的钢板让滑翔机头过重,一头扎向地面,普拉特准将也摔断了脖子，成为美军当天阵亡的唯一将领。

第三块钢板的故事来自一位数学家。

二战后期，美军对德国和日本法西斯展开了大规模战略轰炸，每天都有成千架轰炸机呼啸而去，但返回时往往损失惨重。美国空军对此十分头疼：如果要降低损失，就要往飞机上焊防弹钢板；但如果整个飞机都焊上钢板，速度、航程、载弹量等都要受影响。

怎么办？空军请来数学家亚伯拉罕·沃尔德。沃尔德的方法十分简单。他把统计表发给地勤技师，让他们把飞机上弹洞的位置报上来，然后自己铺开一张大白纸，画出飞机的轮廓，再把那些小窟窿一个个添上去。画完之后大家一看，飞机浑身上下都是窟窿，只有飞行员座舱和尾翼两个地方几乎是空白的。

沃尔德告诉大家：从数学家的眼光来看，这张图明显不符合概率分布的规律，而明显违反规律的地方往往就是问题的关键。飞行员们一看就明白了：如果座舱中弹，飞行员就完了；尾翼中弹，飞机失去平衡就会坠落——这两处中弹，轰炸机多半就回不来了，难怪统计数据是一片空白。因此，结论很简单：只需要给这两个部位焊上钢板就行了。

第一块钢板是传奇，机智的飞行员用它挽救了自己的生命，战场上曾有过许多这样的传奇故事，但这种传奇往往像火花一闪即逝；第二块钢板则是教训，是用宝贵的生命换回来的教训，谁都知道焊钢板的人也是好心，但结果却适得其反；而第三块钢板是智慧，它用科学的方法，从实战经验中总结出规律。你可能想象不到，这块讲科学的钢板挽救了数以万计的飞行员的生命。

成功需要一颗快乐的心

有一位老人,在他72岁时遭受严重的挫折。他奋斗了几十年的享誉全国的最大零售集团,在一夜之间破产了。人们看着这位闻名遐迩的世界级企业家迎来如此灾难性的失败,一时间议论纷纷。有人认为他将心随天命,穷困潦倒地度过余生;有人认为他将受到刺激,过起不谈理想的晚年生活;有人认为他肯定不堪一击,会以自杀来结束自己的生命。

然而,事业的大厦轰然倒地并没有使这位老人从此倒下去,出现在人们眼前的是——他依然精神十足,匆匆行走在大街小巷上。过了一段时间,老人和几个年轻人携手合作,开办了一家网络咨询公司,向自己陌生的IT产业发起了挑战。面对新的行业,老人并没有显得缩手缩脚,反而脸上始终充满了微笑。他虚心好学,不耻下问,加上他合理地运用了过去经营零售业时积累起来的经验,没多久就把生意做得红红火火。

一年后,老人重新堆砌的事业大厦又屹立在人们面前。

当记者采访老人,问他为何能够在一年时间里反败为胜、东山再起时,老人快乐地大笑起来,久久不语。

记者等了好久，老人也未给出答案，而是又忙自己的事了。记者疑惑地又重复提起这个话题，老人第二次快乐地大笑起来，他只说了短短一句："其实，我已给出答案!"此时，记者才恍然大悟——快乐心情是老人反败为胜、东山再起的法宝。

这位老人就是日本曾经最大的零售集团"八佰伴"集团的总裁和田一夫。

在商场的长期拼搏奋斗中，和田一夫悟出了这样一个简明的道理：生活就是一束阳光，你站在阳光中，迎着阳光向前看，满眼光明，身心温暖，倍增力量；转过身，俯视阴影，满目黯然，暗自神伤。面对阳光和阴暗的两种心态，完全由个人的心情来掌握。选择前者，你将积极快乐地向前走；选择后者，则将沉沦悲观沮丧，举步不前。

和田一夫反败为胜的故事告诉我们这样一个道理——成功需要一颗快乐的心来支撑！忽略了这一点，我们将终生与成功失之交臂。如果我们左冲右突难以突围，正心情沮丧之时，何不尝试一下以快乐的心情去走另一条路径呢？

人生没有
第二次选择

[赌徒与农夫]

农夫和赌徒走进同一家餐馆,每人挑一张桌子坐下来。

赌徒点了一桌子菜,要了一瓶酒和一笼蒸包。一瓶酒喝光了,一笼蒸包吃了两个,一桌菜,有的动了几筷子,有的一筷子也没动。赌徒的肚子撑得像个大西瓜,他把几张百元钞票往服务小姐的盘子里一放,起身就走。

服务小姐叫住他:"先生,请稍候,还要找你10元呢!"

赌徒打了一响指,说:"不用找了。就算你的辛苦费吧!"

农夫点了一菜一汤一碗米饭。菜吃光了,汤喝光了,最后剩下一团米饭,他把它倒进菜盘里,盘子里的油被蘸得干干净净。

把最后一粒米送进嘴里,农夫叫道:"小姐,两分钱您还没找我呢。"

苏格拉底和他的学生把一切都看在眼里。

学生说:"这个农夫太小气了。瞧,那位先生多大方!"

苏格拉底说:"农夫的钱里有血汗,那个人的钱里有什么?"

[当下的选择]

几个学生向苏格拉底请教人生的真谛。

苏格拉底把他们带到果林边。这时正是果实成熟的季节,树枝上沉甸甸地挂满了果子。

"你们各顺着一行果树,从林子的这头走到那头,每人摘一枚自己认为最大最好的果子。不许走回头路,不许作第二次选择。"苏格拉底吩咐说。

学生们出发了。在穿过果林的整个路程中,他们都十分认真地进行着选择。

等他们到达果林的另一端时,老师已在那里等着他们了。

"你们是否都选择到自己满意的果子了?"苏格拉底问。

学生们你看看我,我看看你,都不肯回答。

"怎么啦,孩子们,你们对自己的选择满意吗?"苏格拉底再次问。

"老师,让我再选择一次吧,"一个学生请求说,"我刚走进果林时,就发现了一个很大的果子,但是我还想找一个更大更好的。当我走到林子的尽头后,才发现第一次看见的那枚果子就是最大最好的。"

另一个学生紧接着说:"我和师兄恰巧相反。我走进果林不久就摘下了一枚我认为是最大最好的果子。可是以后我发现，果林里比我摘下的这枚更大更好的果子多的是。老师，请让我再选择一次吧！"

"老师，让我们都再选择一次吧！"其他学生一起请求。

苏格拉底坚定地摇了摇头："孩子们，没有第二次选择。人生就是如此。"

[远山与一路风景]

苏格拉底和拉克苏相约到很远很远的地方去游览一座大山。据说，那里风景如画，人们到了那里，会产生一种飘飘欲仙的感觉。

许多年以后，两人相遇了。他们都发现，那座山太遥远太遥远，他们就是走一辈子，也不可能到达那个令人神往的地方。

拉克苏颓丧地说："我用尽精力奔跑过来，结果什么都不能看到，真太叫人伤心了。"

苏格拉底掸了掸长袍上的灰尘说："这一路有许许多多美妙的风景，难道你都没有注意到？"

拉克苏一脸的尴尬神色："我只顾朝着遥远的目标奔跑，哪有心思欣赏沿途的风景啊！"

"那就太遗憾了。"苏格拉底说，"当我们追求一个遥远的目标时，切莫忘记，旅途处处有美景！"

最成功的
策划

1840年,世界上最早的邮票"黑便士"在英国诞生。邮票原定于1840年5月6日正式启用,但因为组织工作的疏忽,有的城市竟于5月2日提前发售。提前发售的邮票数量不多,流传后世的更加稀少,据说全世界只发现了两枚,被收藏界视为珍宝。

斗转星移,一百多年过去了,这两枚"黑便士"终于重出江湖。美国的一家拍卖行宣布要公开拍卖它们。一个酒店小伙计找到他的老板说:"我没有去竞拍的资格,如果您能让我以您的名义前去,我保证为您带回100万美元的利润。"老板反问:"如果你把它们买回来却卖不掉怎么办?我可不想留到100年后再升值。"小伙计笑了:"放心,我带给您的不会是邮票,而是支票。"

拍卖大厅内人头攒动,买家们个个摩拳擦掌。拍卖师大声宣布:"底价10万,现在开始竞拍。"话音刚落,竞价声此起彼伏,邮票价格也一路攀升,一直升到50万。"50万一次,50万两次,50万……"这时,角落里传来了一个低沉却震人心魄的声音:"200万!"喧嚣的大厅顿时寂静下来,大家纷纷把目光投向这个神秘人物。没错,他就是那个酒店小伙计。接着,拍卖师毫无悬念地连叫三声"200万",然后一锤定音。在众人的惊叹声中,小伙计拿过这2枚邮票,然后做了一件令人目瞪口呆的事——他掏出火机,毫不犹豫地烧掉了其中1枚。顷刻间,全场一片哗然。有人大叫:"这个疯子,他烧掉了100万。"小伙计面露微笑,大步串上前台,扬起手中剩下的那枚邮票,高声喊道:"在座的各位都是见证人。从今天开始,全世界5月2日版的'黑便士'只有这一枚了,可谓绝世无双。所以我宣布,它的价格为400万美元,欲购从速。"

没多久,这枚"黑便士"便以500万美元的价格被一名富商买走。当小伙计拿着100万美元的支票递给老板时,老板怎么都不敢相信自己的眼睛,问他到底是怎么做到的。小伙计笑道:"人们总是说一加一大于二是一种智慧,但他们却不知道,二减一大于二是一种更高的智慧。"

学会
逆向思维

有个发行环节的商人来我们出版社要我编辑的书,发行部的头儿要我过去介绍一下书的卖点。

谁知我还没有说上几句话,那个年轻气盛的商人没搞清楚我是编辑,还以为我是发行科的人员呢,拿话堵我说:"像你这么糟糕的发行人员,还敢向我推销书啊!"

一般人遇到这事可能会生气,可能会辩解,也可能更加卖力地宣传自己的书。

我只是心里咯噔了一下,就马上想到策略,于是微笑着对那个小老板说:"是啊,人家说只有糟糕的发行员,没有糟糕的书。像你这么优秀的商人,一定知道如何宣传、推销好这本书吧!"

我一副虚心请教的样子,老板一高兴就拿起书,一页一页研究起来,不停地找这本书的优点,告诉我,第一应该怎样,第二应该怎样……说着说着,老板发现自己上当了:"哎!这是你的问题,怎么变成我的问题了呢?你很狡猾,很有前途,干脆,到我公司去做吧?"

本来我是向他推销我的书,结果,变成发行商自己发掘书的卖点了。这就是反向思维中转移问题法的魅力。

去年6月,有个喜欢赖账的人通过朋友向我借了5万元钱,说好了一年内还的,但是一年到期后,他连提都没提。我怕他万一不还了,怎么办呢?

之前让他打过一张借条,但是找不到了。向他要吧,空口无凭,所以很发愁。

我想了一下,还是运用了我擅长的逆向思维办法,给那个朋友发了一封电子邮件:尊敬的某某先生,一年前你向我借了10万元,现在我手头有点紧,急需钱用,您能尽快把钱还给我吗?

第二天,就收到了他的回信:很感谢您借钱给我,我一定会及时还给你的。但是,我想你是不是记错了,当时你借给我的是5万元。而且随信还附了一份借据的拍摄图片。

这下子我的心就放到肚子里了,我不是想立刻要回钱,我要的就是这个证明啊!有了借据,就不怕他不还了。

我信奉世界首富比尔·盖茨的话:"人与人之间的区别,主要是脖子以上的区别——思维方式决定一切!"

应用逆向思维,经常将问题"倒过来想",也许你会发现,其实生活中没有那么多解决不了的问题和烦恼。

我们在与对手周旋或面对难题时,常会自然想出一连串的解决之道,而最有实际效果的,总是与通常方法不相同甚至相反的办法。

其实，这个道理也很简单。我们使用的方法越普通，对方拿出应对策略就越容易；我们用逆向思维采用与别人完全不同的办法，对方找到有效应对方式的难度则会增加得更大。所以，逆向思维常会给我们带来更多益处。

平常的思维，只能让我们成为平常的人；不平常的思维，才能让我们做成不平常的事，进而造就不平常的人。

自不量力的我

高考前，我参加了一场演讲比赛。

这是一场级别很高的演讲比赛，要求演讲者就美丽、博学、勇敢和诚实哪一个更重要展开阐述。为了体现比赛的公正性，评审团偷偷地在角落里放置了分贝器，以每个人所获得掌声的分贝大小作为评审的参照。

我是唯一一个来自高中校园的学生。在这之前，我是高傲的。从小到大，我都是在一片喝彩声中度过，不知不觉之间，便有了一种优越感。为了这个参赛名额，我求了老师很多次，加上我在学校里确实非常优秀，全校老师最后一致推选我代表学校参加演讲。从报名到参加演讲，一直都是那点所谓的自信在推动着我，可是当一个个演讲者从容淡定地引经据典、旁征博引地进行了精彩演讲之后，我的自信心第一次受到了重创。我开始紧张了。我清醒地看到了自己和他们的差距，开始后悔自己辛辛苦苦争取来的机会了，但一切已经来不及，马上就要轮到我了。

演讲会场上的掌声此起彼伏，评审团的工作人员不停地测着掌声的分贝。

我战战兢兢地上台了。本来那个演讲稿在脑海里早已是滚瓜烂熟的，但不知道怎么了，看着台下黑压压的人群，我竟开始前言不搭后语，脑子里一片空白，演讲词被我忘得一干二净。经过几分钟尴尬的沉默之后，我说："不好意思，我对不起大家，把演讲词忘了！"这时候，台下一片嘘声，我涨红脸颊，低着头匆匆离开了演讲台。

演讲会结束了，冠军掌声的音量超过了80分贝！而我的掌声音量为零！

主持人在最后总结的时候特别提到了我，说我作为一名高中生，能够有勇气来参加比赛本身就是一种成功。

我和所有参赛者一起被邀请到了演讲台上，每个人要做一段最后的致辞，我不得不再一次拿过那个让自己难堪的话筒。

我说自己虽然忘掉了准备好的演讲稿，不过在心里，我还有另外一份演讲稿，希望主持人能给我一个表达的机会。

我说："现在我才知道，今天我来这里，是有些自不量力的。我以为自己穿上了漂亮的外衣就是美丽，我以为自己每门功课都考了第一就是博学，我以为自己敢为女同学出头找欺负她的男生算账就算勇敢，我以为每天晚上对妈妈如实汇报学习和思想情况就是诚实，但是很显然，我太过幼稚了。今天在各位老师的面前，我第一次感觉到自己的渺小……在这里，我深深地打量了自己，我所自认为的美丽不再是美丽，我所自认为的博学不再是博学，我所自认为的勇敢不再是勇敢……"现场开始安静了下来。

"但是今天，"我羞涩地笑着说道："我认为自己唯一值得表扬的地方就是诚实。因为我确实是把演讲词忘掉了，而且忘得一干二净。"现场观众开始发出善意的笑声。"所以我认为，你可以不美丽，但你不可以不博学；你可以不博学，但你不可以不勇敢；你甚至可以不勇敢，但你无论如何，不可以不诚实！"

现场爆发出了热烈的掌声！评审团惊奇地发现，我所获得的掌声音量接近了90分贝！竟然超过了冠军！

挑出重要的先去做

在年底评选"办案能手"的时候，我又一次无可争议地摘取桂冠。这已经是我连续5年获此殊荣了。在单位里，人人都知道我是最忙的，却也是把工作打理得井井有条的那一个。我办的案子最多，工作也最有效率，忙得一头汗水的同事向我取经，我说这一切都是因为小时候考试怯场造成的。在同事惊愕的表情里，我为他讲了自己"从最后一道题开始做起"的故事。

上小学的时候，每次考试我都会怯场。考场的那种严肃的气氛让我的双手不自觉地就不好使了，脑子里一片空白，害得自己总是答不完试卷。本来平时学习挺好的，结果却总是考试考得很不理想，甚至不及格。一个学生学得好坏，毕竟要靠考试来检验的，学得再好，考试不过关，一切就等于零。因为怯场，我吃尽了苦头。

我和老师说起自己的苦衷。老师教了我一个办法，他说，再考试的时候，你从最后一道题开始做起，因为后面的题总是最重要的，分值也多，即使你最后没有做完，剩下的也是前面的填空之类的小题，扣的分数也不至于那么多。这个办法还真管用，我在以后的考试中，都用了这个办法，考试成绩上来了，而且一点一点改掉了这个怯场的毛病。

从最后一道题开始做起，老师的意思是让我挑那些重要的题先做。现在想想，老师教会我的不仅仅是答题的技巧，更是一种做人的态度。人生不也是这样吗？人活一世，有许多重要的事情等着你去做，你可以先把别的无关紧要的事情放一下，转而从那些重要的事情开始做起，那样你的人生，一定会交出一份令人满意的答卷。

事实证明，"从最后一道题开始做起"这个理念在我的人生经历中给予了我很多帮助。每当繁杂的工作压过来的时候，我不是盲目地想到什么做什么，而是冷静地坐下来，仔细地将它们分门别类，挑出最重要的先去做。

人生有太多繁杂的目标，人人手里都应该有个"分拣器"，把轻重缓急的目标做一个梳理，科学地去规划，最后，你会梳理出你的"最后一道题"，先把它做完。然后回过头来，继续分拣，依此类推，人生的难题，自会迎刃而解，逐个击破。

在我所办理的案件中，有很多是因为那些鸡毛蒜皮的小事所引起的民事纠纷，因为双方都不肯让步，有些案子很难调解，一拖就是好几年，害得双方半辈子没有消停过，人也老了，什么事业也没有做成，变成庸庸碌碌、婆婆妈妈的小男人小女人。究其原因，就是他们没有选择人生最重要的题，而是选了无关紧要的题先做，从而让那些无意义的事情拖累了自己。

　　人生的试卷上也有很多问题，这些问题有轻有重，寄予着人生的种种思考。等你把最重要的问题答完了，再回过头去，定会有一种"一览众山小"的感觉。这个时候你会发现，那些曾经所谓的"难题"，不过是被你踩在脚下的一块块石头。

　　人生有限，在有限的时间里，你要先挑那些重要的事情去做。只有有效安排了你的人生，才会使你的人生波澜壮阔，蔚为壮观。

遗憾过后，就是阳光

许多事情总是想象比现实更美，相逢如是，离别亦如是。当现实的情形不按照理想的情形发展，事实出现与心愿不统一的结局时，遗憾便产生了。遗憾可以彰显出悲壮之情，而悲壮又给后人留下一种永恒的力量，也许生活带走了太多东西，可是却留下片片真情。有过遗憾的人，必定是感觉到深切的痛苦的人，这样的人也必定真实的活过，付出过最真的心，用自己的行动演绎过至真至纯的情感，令人心动和感慨。

错过的一切如同错过的时光一样，无法找回，只是错过一点点，也许就会错过太多，或许还会错过一辈子，留下终身的遗憾。有时我们本可以轻易地拥有，然而却让它悄然溜走了。记得以前看过一部电视剧《半生缘》，不否认男女主人公是真心相爱的，但命运与缘分的捉弄使他们各奔东西，多年以后他们再次相见，痛苦万分，追悔莫及，只剩遗憾。也许世间最大的悲剧莫过于两个相恋的人不能牵手一生一世，但是正因为有了遗憾，那份情义才越发显得弥足珍贵，既浸入骨髓又超然永恒。又如梁山伯与祝英台的爱情故事，如若他们真的走到了一起，朝朝与暮暮，相伴一生，白头偕老了，那又何来千古绝唱的凄婉？

不必再去说割舍不下什么，因为已经没有选择的余地了，美好的东西总是太多，我们不可能全部都得到，所以对于已经不属于自己的东西，不必再奢望什么。无缘的人总是留下遗憾，在那一个个熟悉的画面里，凋零着各种情绪的味道，在那一个个生动的故事里，多想为它画上一个省略号，却在命运的无奈中被迫为它画下句号，于万丈红尘中的空望，洗却铅华之后的暗伤，将永远与对方形同陌路。

其实有许多感情从开始到结束，不管结果如何，我想只要有过这种让自己曾有过让心灵为之震动的感觉，这本来就是一种富有，一个温暖的感情矿藏，一种生命中最厚重的拥有，毕竟曾经交换过彼此的快乐和寂寞，不要再难过，人总得去面对醒来的一切。人世本无常，岁月流逝如梦一场，曾经的梦想和誓言如落叶般随风飘荡到不知名的地方，但我始终相信当初说它的时候是发自内心的。

很喜欢听徐誉腾演唱的《等一分钟》这首歌，或许是因为那种遗憾中透着丝丝伤感的歌词更打动我心，"如果生命，没有遗憾，没有波澜，你会不会，永远没有说再见的一天，可能年少的心太柔软，经不起风经不起浪，若今天的我能回到昨天，我会向自己妥协，我在等一分钟，或许下一分钟，看到你闪躲的眼，我不会让伤心的泪挂满你的脸；我在等一分钟，或许下一分钟，如果你真的也心痛,我会告诉你我的胸膛依旧暖,那一年我不会让离别成永远。"是的,明明知道你的胸膛依旧暖,可是现在那份温暖已属于另外一个人了。

有的时候,真的幻想时光可以重来一次,那样的话就可以重新选择一切,面对相同的时间里发生的相同的故事不会再重蹈覆辙,不会再走这样的心路,可是想过没有,如果没有经历过遗憾,又怎么能懂得珍惜?如果不是遗憾,又怎么可以那么刻骨铭心,又铭心刻骨的去记住一个人?有许多事必须要亲身经历过才会懂,有了遗憾,才有了可以回忆的片段,才有了令我们一生也无法忘怀的东西,它会在内心深处产生共鸣。

在每个人的工作、生活、学习中都会有或多或少的遗憾,我想没有几个人会喜欢它,但是它确确实实又是生命中的收获,可以入心且无声,像长了翅膀,在偌大的心灵世界里自由飞翔。它可以是美好的回忆,也可以是痛苦的煎熬,带给人的是对生命更多、更深刻的感悟。没有经历过遗憾的人生是不完整的,遗憾是一种感人的美,一种破碎的美,因为有它,人世间一切的真善美将更值得称颂;因为有它,生命将更值得去回味;因为有它,就有了远走天涯的念想。

生命只是沧海之一粟,然而却承载了太多的情非得已,聚散离首,不甘心也好,不情愿也罢,生活一直都是一个任人想象的谜,因为不知道最终的谜底,也就只能一步步地向前走。人生中也会遇到很多感人的缘分，不经意间的萍水相逢，却发现也可以给予很多，简单的邂逅和错过，也可以在心中烙下清晰的标记。一切渐渐远去，心渐渐冰凉，纵然撕去伪装出的冷漠，找寻你走过的凌乱足迹，想起你曾经的一点一滴，如今只剩你的影子徘徊在脑海，我怎么能忘记你曾经给过我美丽？

懂了遗憾，就懂了人生。在经历以后，我们才会学到了许多，明白了许多，也成熟了许多。人生之路，一定不会总有枝繁叶茂的树，鲜艳夺目的花朵，蝶飞蜂舞的美好景色，它一定也会有阻挡在前的高山和荒凉的沙漠；一定不会总有阳光照耀下缤纷的色彩，也会有阴天时的迷雾重重；生活不仅有灿烂的笑颜，还会有无言的泪水，任谁也无法轻松地跨越。

懂了遗憾，就懂了人生，遗憾是人生的必经之路，但还是希望大家都能少一点遗憾，尤其是希望两个真心相爱的人能幸福长久地生活在一起。人生没有完美，生活也没有完美，遗憾和残缺始终都会存在，穿越过岁月的风雨，才发觉已经失去的东西很珍贵，没有得到的东西也很珍贵，但世间最珍贵的还是把握现在，去珍惜这似水的流年。即使将来容颜不在，至少还可以对自己说："我有遗憾，但是遗憾过后，我曾坚定的好好生活过，我不后悔。"

专心走好自己的路

弗洛姆是美国一位著名的心理学家。一天,几个学生向他请教:心态会对一个人产生什么样的影响?

他微微一笑,什么也不说,就把他们带到一间黑暗的房子里。在他的引导下,学生们很快就穿过了这间伸手不见五指的神秘房间。接着弗洛姆打开房间里的一盏灯,在这昏黄如烛的灯光下,学生们才看清楚房间的布置,不禁吓出了一身冷汗。原来,这间房子的地面就是一个很深很大的水池,池子里蠕动着各种各样的毒蛇,包括一条大蟒蛇和三条眼镜蛇,有好几条毒蛇正高高地昂着头,朝他们"滋滋"地吐着信子。就在这蛇池的上方,搭着一座很窄的木桥,他们刚才就是从这座木桥上走过来的。

弗洛姆看着他们,问:"现在,你们还愿意再次走过这座桥吗?"大家你看着我,我看着你,都不做声。

过了片刻,终于有几个学生犹犹豫豫地站了出来。其中一个学生一上去,就异常小心地挪动着双脚,速度比第一次慢了好多;另一个学生战战兢兢地踩在小木桥上,身子不由自主地颤抖着,才走到一半,就挺不住了;第三个学生干脆弯下身来,慢慢地趴在小桥上爬过去了。

"啪！"弗洛姆又打开了房内另外几盏灯，强烈的灯光一下子把整个房间照耀得如同白昼。学生们揉揉眼睛再仔细看，才发现在小木桥的下方装着一道安全网，只是因为网线的颜色极暗淡，他们刚才都没有看出来，弗洛姆大声的问："现在你们当中还有谁愿意走过这座桥？"

学生们没有做声。"你们为什么不愿意呢？"弗洛姆问道。"这张安全网的质量可靠吗？"学生心有余悸地反问。

弗洛姆笑了："我可以解答你们的疑问了，这座桥本来不难走，可是桥下的毒蛇对你们造成了心理威慑。于是，你们就失去了平静的心态，乱了方寸，表现出各种程度的胆怯——心态对行为当然有影响的啊。"

其实人生又何尝不是如此呢？在面对各种挑战时，也许失败的原因，不是因为势力单薄，不是因为智能低下，也不是没有把整个局势分析透彻，而是把困难看得太清楚，分析得太透彻，考虑得太详尽，才会被困难吓倒，举步维艰。倒是那些没把困难完全看清楚的人，更能够勇往直前。

如果我们在勇过人生的独木桥时，能够忘记背景，忽略险恶，专心走好自己脚下的路，也许我们能更快地到达目的地。

有光明
就会成功

一个商人在翻越一座山时，遭遇了一个拦路抢劫的山匪。商人立即逃跑，但山匪穷追不舍。走投无路时，商人钻进了一个山洞里，山匪也追进了山洞里。

在洞的深处，商人未能逃过山匪的追逐——黑暗中，他被山匪逮住了，遭到了一顿毒打，身上的所有钱财，包括一把准备为着夜间照明用的火把，都被山匪掳去了。

幸好山匪并没有要他的命，之后，两个人各自寻找着洞的出口。

这山洞极深极黑，且洞中有洞，纵横交错。两个人置身洞里，像置身于一个地下迷宫。

山匪庆幸自己从商人那里抢来了火把，于是他将火把点燃，借着火把的亮光在洞中行走。火把给他的行走带来了方便，他能看清脚下的石块，能看清周围的石壁，因而他不会碰壁，不会被石块绊倒。但是；他走来走去，就是走不出这个洞。最终，他力竭而死。

商人失去了火把，没有了照明，他在黑暗中摸索行走得十分艰辛，他不时碰壁，不时被石块绊倒，跌得鼻青脸肿。但是，正因为他置身于一片黑暗之中，所以他的眼睛能够敏锐地感受到洞口透进来的微光，他迎着这缕微光摸索爬行，最终逃离了山洞。

没有火把照明的人最终走出了黑暗，有火把照明的人却永远葬身在黑暗之中。

世事大多如此，许多身处黑暗的人，磕磕绊绊，最终走向了成功；而另一些人往往被眼前的光明迷失了前进的方向，终生与成功无缘。

活泼自在便是禅

从前,有一位老妇人出钱建造了一座寺舍,她发誓要为佛门造就有道高僧。

经过精心挑选,一位幸运的和尚被请到寺里接受供养。老妇人让仆人送饭服侍,从不间断。那个和尚倒也耐得寂寞,除了朝观云霞,暮看溪流之外,整天就是坐在那里静静参禅。

20年后,老妇人改派一个貌美如花的少女送饭侍候和尚。有一天,按照老妇人的吩咐,少女在给和尚送饭时,一把将他搂抱住了:"现在这个时候,你怎么样?"

和尚毫无所动:"枯木靠着冷岩头,三冬季节无暖气。"

少女回来把经过情形报告老妇人,她很赞赏和尚的深厚定力。不料老妇人跺脚叹息:"我20年只供养了一个俗汉!"

随后老妇人将那个和尚赶走了,紧接着,她又一把火烧掉了那座寺舍。

而那个和尚到死也不知道自己过错在哪里。

如果你对故事中老妇人的举止无法理解,那么你或许可以从下面这则故事中寻找答案:

从前，一位老禅师收养着一个童子。这童子并不知佛中规矩，爬树捉蝉，整天游玩，和一般人家的孩子并无两样。就是见到老禅师，他也嬉皮无忌，有时还像孙儿似的摸着老禅师的光头撒娇。

有个行脚僧来到寺里寄宿，住了几天，他对那童子的顽皮非常看不惯。有一天，在老禅师早上出门之后，他便将那童子叫住了，严词峻句，教以寺院的礼仪。

小孩子家学东西就是快，到了晚上，老禅师刚从外面回来，这童子马上上前行礼问安。老禅师很惊讶："谁教你的？"那童子回答："堂中新来的和尚。"

老禅师找到行脚僧，冷冷问道："上座挨家行脚，居心何在？"行脚僧一愣：老当家脸色很不好看，难道自己有什么地方做错了吗？

老禅师一顿禅杖："我这童子养了两三年了，怪可爱的，谁让你教坏他？快收拾东西走人吧！"

暮色苍茫，那行脚僧被赶出了寺院。

刻意的坚强冷漠不是禅，发自内心的活泼自在才是禅。

你参的是枯禅还是活禅？

衣服
只是包装

现在的女子，对于服装的要求越来越多了。每年都有流行色，如果你还穿着去年的流行色，那就是落伍，就是老土，就是搁浅在时代潮流沙滩上的孤独苦蚌。

有一次，我得到一个邀请，担当某服装委员会的顾问。会上，坐在邻座的是一位对服装颇有研究的先生，我和他聊起来，问，你们每年的权威发布，都依照什么原则呢？

那位先生一笑，说，毕作家，你太认真了。流行色并没有你想象的那样复杂，不过就是一个概念。你想啊，服装这个东西，是要提前做准备的。不能天气已经很热了，才做薄薄夏衣。也不能寒风刺骨了，才张罗棉袄。特别是面料，更要有提前量。那么，大家根据什么来制订计划呢？简单地说，就要开一个会，大家坐在一起，讨论一番，定一个主色调，然后还有一些辅助的色系，最后就按这个原则去生产了。到了那个季节，街上就都是这种色系的衣服，流行色就开始流行了。

我听得似懂非懂，说那么如果这个色彩今年流行不起来怎么办呢？那位先生可能觉得我顽冥不化，蔼然教导说，这怎么可能呢？大家都要穿新衣服，新衣服是从哪里出来的？还不是厂家做出来的吗？只要所有的厂家都齐心合力，都出产这个颜色的衣服，当然就会流行起来啊！再有了，我们既然制定了这个策略，就会大张旗鼓地宣传，比如说环保啦、沙漠啦、海洋啦、太空啦……找概念啊，开动一切机器来轰炸。另外还有一个法宝，就是让偶像代言。年轻人喜欢从众，一看他们心仪的艺人都穿上这个衣服了，当然会趋之若鹜。

听到这里，我只有拼命点头的份儿了，我就是再愚笨，也明白在这样强大的攻势之下，流行色当然生命力蓬勃。

那位先生看我茅塞顿开的样子，表示满意，说，如果你是生产厂家，你会怎样想？

我说，那还用问？当然是希望买我衣服的人，越多越好。

那位先生说，对啊，人心同理。要是谁都新三年旧三年，缝缝补补又三年，服装厂还不得关门？所以，每年的流行色一定要和上一年的有所不同，让你不能以旧充新，鱼目混珠。再有就是造舆论，让你觉得自己穿的不是流行色，就有一种自卑感，不入流，被社会抛弃。这样的舆论氛围一旦形成，从众心理浓厚的人，就会被裹胁而进，成了流行色的俘虏。厂家就会微笑。

我说，如果我硬是不买流行色，你们能怎么样呢？

那位先生和气地笑起来，说，那我们一点办法也没有。不跟着流行色走的人，通常分两类。一种是特别贫穷，他们原本就没有能力不停地置换服装，所以，也不是服装行业的消费者，基本可以忽略不计。再有一种，就是特别有品位的人，他们不在乎流行什么，只在乎什么东西对自己是最适合的。对这后一种人，我们也是鞭长莫及无可奈何啊。

那一天的会议，让我获益匪浅。也许对于时尚中人，这些都是常识，但对我这样一个服装盲来说，的确如醍醐灌顶。我想，我似乎不能算作买不起衣服的人，但也绝对不是有独立见解，能孤傲地挺立于潮流之外的人。对于我们普通人来说，如何在光怪陆离的现代服装海洋中，安然自得地驾着自己的小船，吟唱渔歌呢？

我想最好的方式，就是保持衣物的洁净，不追赶时髦。因为流行色的实质，多是商人的利益。它打定了主意让你总是气喘吁吁手忙脚乱地追赶潮流。我不需要那么多的衣服。如果你的衣服有污渍，无论它多么华贵，在没有清洗干净之前，不要穿着它出门。华贵表达着你的财富，而洁净证明着你的品质。

衣服只是外包装，内在的精神洁净才是最重要的。

关爱无私
便温暖

那年夏天，我收到一所中专录取通知书的同时，父亲也被稻场上的脱谷机卷去了一只手。

我很小的时候母亲就远走高飞了，是老实巴交的父亲守着贫瘠的村落抚养我长大的。这突来的横祸让我们父女俩悲痛不已，但父亲没有放弃我的学业，他卖了不足40公斤的猪，又卖了部分粮食，四处找村人求借，很艰难地拼凑着我的学费。一直到10月份我才提着陈旧不堪的行李跨进市里学校的大门。而那时已开学一月有余，新生军训也过了。

坐在教室里，我流着泪暗暗发誓，一定要节约，要把一分钱掰成两半用，最大限度减少父亲的负担。因为学校是封闭式教学，我不可能在课余去谋点兼职什么的，节约的唯一途径只能是从牙缝里省。

那时我还是个15岁的大孩子，对食物有着惊人的渴望和需求，身体仍在拔节似的长高。每次到食堂，当鼻子里飘进粉蒸排骨或煎鸡蛋的香味，我总会及时地把嘴巴闭得紧紧的。如果不这样，我想我会失态如村口那只小黑狗，涎下长长的口水来。我嫉妒别人碗里的丰盛，在心里，我千百次地用意念将他们的佳肴吞得精光。

繁重的学习以外，我还肩负着校文学社副主编的重任，且不时参加校内举办的各项体育竞赛。超负荷的身体支出，长期的营养不良，使我在接近一年的时间里变得面黄肌瘦，身体疲软，整天无精打采。那一年我做了无数个相同的梦，梦见自己趴在琳琅满目的餐桌上大快朵颐，但是一桌子的菜都吃光了仍然饿，饿得让人发疯。醒后为了止住胃里不断发出的咕咕哀叫，我只有大口大口地往嘴里灌冷水，边喝边眼泪奔流。

暴食一顿鱼肉的念头反反复复地、越来越强烈地折磨着我。好多次咬着牙将一元的餐票拿出来捏在了手心，但递进食堂窗口前，父亲老迈的驼背和那只血淋淋的断臂却总是劈面而来，将我的贪婪欲望转化为深深自责。终究，一元还是换成了两角。

那天是周四上午的最后一堂自习课，没吃早餐的我早已饥肠辘辘，一边在手里悄悄把玩着餐票，一边烦躁不安地等待下课开饭的时间。这时教室外有文学社的成员找我，交给我一份新生的申请书。从抽屉里取文学社公章时，一不小心把红红的印油涂在餐票上了。就在一刹那，一个大胆的想法电光火石般在脑海里闪现出来。

我的脸因激动而发红，暗骂自己真笨，怎么早没想到这点儿呢？那些餐票，和学校的管理体制一样还不够完善，只是一张方方正正的硬纸壳，一面彩色一面空白，空白的一面是记号笔手写的金额和红红的印章。只要模仿上面的笔迹再私刻一个公章，印油一按不就行了吗？书法是我的强项，至于公章，找块大橡皮擦在上面雕上那些字就可以取代！

几天后，我的一沓面值一元的餐票诞生了。到底是作假心虚，我心里忐忑不安。但渴求已久的愿望已让我来不及去多想，我心若离弦之箭恨不得飞去食堂，我要马上买两份粉蒸肉饱餐一顿！

学校的食堂有4个窗口，其中3个窗口都是凶神恶煞的中年妇人，只有2号窗口，打饭的厨子是个30多岁的聋哑人。

据说他的传奇之处在于，他可以根据别人说话的口型判断出对方的话语。食堂的菜没几样，对他来说不是难事，最重要的是他力气大工资少，标准的廉价劳动力，所以才得以和常人一样在食堂上班。

我走进食堂。在选择窗口时我的腿因紧张而发颤，我担心被人认出，那样我会声名狼藉，在学校里面的种种荣耀也许全都会一败涂地！而那3个凶女人让我不寒而栗，看来只能选择2号窗口下手了。退一步说，就算他发现了是假票，趁他是个哑巴不会说话的一时半刻，我还来得及偷偷溜掉。

队伍前面的人已空，轮到我了。与他眼神交接的瞬间，他又向我咧嘴一笑。每次在他手里买饭时他都这样。我不得不硬着头皮递过去："两份粉蒸肉。"他接过票看了一眼，然后再看我一眼，眼神里有着很明晰的诧异——是诧异一直买土豆丝的我突然大方了呢，还是……

忐忑不安之际，高高堆着粉蒸肉的饭盒突然出现在我的视线下。抬头，是他一如往常的憨笑。我长吁一口气，唉，真是草木皆兵啊！还好是虚惊一场！

有了那些高蛋白高脂肪的滋补和营养，我的脸色逐渐红润起来，干瘦的身体慢慢长得圆润。每次看见他在窗口咧嘴微笑的表情，我心里就会乐开花：这聋哑人就是聋哑人，到底辨别力差些。

时间一直流转到次年11月中旬的一天中午，我径直奔2号窗口，却意外发现换了人。闪身退出来，我一个个窗口挨着找，也没见那个憨笑的熟悉面孔。

我快快地返回教室，途经收发室时，门房交给我一个小小的纸盒。我疑惑不已，快步回到教室，急忙拆开。

让我意外的是，小小的纸盒里竟是两捆餐票！我随意拿起一捆一看，脑子"轰"地一下就炸开了——竟然全是我曾"花"出去的假饭票！

惊讶，尴尬，恐慌，困惑，各种各样的情绪在瞬间打倒了我，我突然有种呼吸困难的感觉。我的心坠到了深渊，颤抖着手把信拿出来打开。想不到，里面没有刀削斧凿般的刚劲字体，却只有歪歪扭扭的几行：

很早就看过校报上你的照片和简介,所以知道了你的班级和姓名。很喜欢你的作文。我母亲病重,我要回大别山去照料她,可能不会再来了。你的那些票退回给你,以后可别再用,被人识破就麻烦大了。我在食堂有50元押金,我和他们商量不要现金,优惠给我60元的餐票。他们答应了,我觉得蛮划得来。你以后可以用这些票偶尔加加餐,别老吃土豆丝,身体会跟不上的。

原来是他,那个早就明察秋毫,却一直对我的自以为是默默纵容着的善良残疾人!

我的胸口像被什么狠狠地撞了一下,他的清澈眼神,他的哑语手势,他的憨笑,突然间就从我对他一片混沌的印象中无比清晰地浮现出来。看着另一捆面值一元的60张餐票,滚烫的泪水扑簌簌落了我一脸。

深山陋屋,病弱老母,身患残疾,他应该比我更需要金钱来维持生存啊!而他,不但完整保护了一个花季女孩视为生命的脸面和尊严,还留下无私的关爱和温暖。

那些美味和温暖,随着胃的吸收渗透到了我的血液,营养我16岁为起点的,长长的一生。

05

欣赏自己的优点

或许根本没有那么多或许

连她自己都不知道她是几个孩子的母亲。

前夜的一场大雪带走了她薄如纸灰的生命。从此,她再也不用在凄风苦雨中浪迹街头,再也不用在世态炎凉中遭受白眼,再也不用在喧嚣闹市中忍受孤独。

她是个患有精神病的老乞丐,约有70岁的模样,经常拖着一条残腿,踽踽着,蹒跚着,在我居住的小区附近垃圾箱里,用她那双枯如干枝的手翻找食物。她脸上被风霜雪雨无情地刻画出深深的印痕,犹如条条盛满污水的沟壑。花白的头发由于长年累月不洗而结成厚厚的硬痂。无论春夏秋冬,她身上披着的总是那件破旧得翻卷出棉花的黑棉袄,连扣子都不系,裸露出干瘪得如布袋般曾经奶过孩子的乳房。她除了找东西吃就是躺在垃圾旁或草地里睡觉,怀里总抱着一捆用几乎褪尽颜色的红布扎住的干柴。我从来都没见她抬起眼睛看过从她身旁走过的任何一个路人,也许在她看来,这个世界上只有她一个人,而过路人也大多不屑拿正眼去看她。

听母亲说,老乞丐年轻的时候长得很标致,是个出自书香门第的大家闺秀，在外地某城市工作时嫁给了一位干部子弟，婚后两年为家里添了个白白胖胖的小男丁，一家人欢天喜地。可是，好景不长。3年以后，"文化大革命"开始了，由于出身不好，她被当作"牛鬼蛇神"受尽一切折磨。不久，她就疯疯癫癫、喜怒无常了，没过几天，被婆婆赶出了家门。尽管她声嘶力竭呼天抢地哭喊着，"我不要离开我的宝宝，我不要离开我的宝宝……"尽管她使出浑身解数妄图砸破那扇紧闭的可恶的铁门，可是，她却未能改变自此后被剥夺做母亲权利的悲惨命运。

许是寻根的本能使她一路乞讨回到了家乡。可是，她母亲在她回家之前就已受迫害而死。她举目无亲，形单影只，又痴又傻，沦落街头。

我问母亲，为什么老乞丐的亲生儿子不来找她。母亲叹口气说："她儿子在那座城市是个不大不小的领导，有人告诉过他母亲的现状，可他却说自己从来没有享受过母爱，是他奶奶含辛茹苦把他抚养大的，他母亲早在许多年前死掉了。"

就这样，老乞丐孱弱单薄的身影一年年在县城里晃动着，徘徊着，我只是偶尔表示一下同情，在她经常光顾的垃圾箱旁放上几袋饼干或者方便面，而更多时候，几乎是忽略了她的存在。可就是在这样一个老乞丐身上，却发生了令我刻骨铭心、灵魂震颤的一幕。

一天下班回家，远远地，我听到一个小孩子哭喊着找妈妈的声音，循声望去，前面有个两三岁的小女孩边走边大声啼哭。一定是大人没有看好，孩子自己走出了家门。我将自行车猛蹬了几下。就在这时，突然发现那个老乞丐放下她经常抱着的干柴，从对面蹒跚着也向小女孩走去。我生怕她神志不清会伤害孩子，就跟她抢速度。没想到，在我下自行车的瞬间，她闪电般伸过双臂把孩子抱在怀里，盘坐在地上。

"好孩子，乖宝宝，不哭不哭……"她那在平日里混浊失神的眼睛突然放射出光芒，那光芒足以驱散寒冬的阴冷，足以融化冻结的冰霜，充满了我从未见过的慈爱。那是一种母性的光辉，难怪走累了哭倦了的孩子能够在她怀里安然地躺着停止哭泣。她腾出一只手，脱下身上仅有的那件御寒的破棉衣，盖在孩子弱小的身体上。而她则裸露着上体，松弛干老的皮肤就像粗糙的枯树皮，在寒风中似被一层层地剥落掉，我分明听到了那瑟瑟抖动而发出的声响，可她的脸上却漾着幸福满足的微笑。随后，她用脸紧贴着孩子红扑扑的面颊，一只手缓缓拍着孩子的背。一会儿，她又目不转睛地注视着孩子，那深陷的眼窝汩汩流淌着暖暖的爱意，许久，她的目光都不肯从孩子的脸上挪开，生怕孩子会突然从她眼前消失掉。她的手颤巍巍地挪到孩子的脸上，轻轻抚摸着，抚摸着，如同抚摸一件易碎的稀世珍宝。她干裂苍白的嘴唇嗫嚅着，像是喃喃自语，又像是跟孩子说话。随后，她抱紧孩子，闭上眼睛，沉浸在无限的幸福之中。两行热泪弯弯曲曲淌在她阡陌纵横的脸上。或许，是眼前这一幕勾起了几十年前她曾经做过母亲的美好回忆；或许，是这个小女孩让她捕捉到与自己失散多年的孩子的气息；或许……或许根本没有那么多或许，她对小女孩的爱完全出自一个女性、一个母亲潜在的爱的本能。天下的母亲都是一样的，无论她是贫穷的还是富有的，无论她是健康的还是病痛的，无论她是幸福的还是不幸的，她们都会发自本能地散发出母性的光辉，让人感受到暖暖的爱流。我早已潸然泪下了。

"你这个老乞丐，快放开我的孩子！"一个尖锐的女声突然划响在耳边，随后就看见一个年轻女子一把从老乞丐手中夺走了孩子！

"孩子，我的孩子……"老乞丐凄厉的哭声回旋在飘满落叶的灰色天空，或许是几十年前被夺走儿子的那幕又闯进了她曾经麻木的记忆里，她踉踉跄跄追赶着，哭嚎着，摔倒在冰冷的马路上。许久，她站起身，仿佛从梦中醒来，又恢复了原先那种木然神色，捡起地上散落的干柴和红布。这时我才看清，那褪色的红布原来是一个小孩子的兜肚。她弹去兜肚上的灰尘，把干柴重新捆好，紧紧抱在怀中，踽踽着，蹒跚着，渐渐消逝在夜色里……

我也是个母亲，心早已被这一切深深刺痛着。从此，我对老乞丐满怀敬重，而绝非原来单纯的同情了。可是，自那天以后，我就再也没有见她来过这里捡东西吃。

"经常在我们小区附近捡垃圾的那个老乞丐死了,听说,前天夜里死在了城北的雪地里。"今天下班时,从邻居的闲谈中我才知道她永远离开了这个世界。

在那个冰冷的雪夜,她静静地躺在野地里,对孩子无尽的思念和无边的爱像一串长长的珠子渐渐断落,散落在雪地上,随着凛冽的朔风,飘扬在凄清阴黑的午夜。

15岁那年
的遭遇

15岁那年夏天刚刚开始的时候，我做了有生以来最大胆的举动。

那天离放学时间还早，我不顾老师和同学们的百般阻拦，背起书包离开了学校。快到村口时，我把书包毅然扔进路旁的臭水沟里，头也不回地走了。

回到家，爹正在给牛筛草，看见我，愣了愣，问，放学了？

我在内心里做好了挨打的准备。不念了，我说。

为啥，爹问。

听老师讲课像天书。说完，我盯着爹的手和脚，它们很安静，丝毫看不出有扇耳光和踢屁股的欲望。

那明儿帮我做活吧。说这话时，爹连筛草的动作都没停。

我心里的一块巨石落地，真没想到爹会答应得这样痛快。

第二天，天刚蒙蒙亮，我就被爹叫醒了，让我跟他去锄地。走在晨光熹微的小路上，我有种雄赳赳气昂昂的感觉。可在地里干了一会儿，我的欢实劲就没了。这地实在太硬了，不用力锄刀就进不去。锄了不到3条垄，我就两臂酸痛，手掌里起了泡。后来，手掌上的泡都磨破了，露出里面的嫩肉，钻心的疼。好不容易挨到了中午，我疲惫地回到家里。

吃完饭，本以为能睡个午觉，可是爹又扛起锄头拿着镰刀走了。我只得无奈地跟着，顶着头上白花花的太阳。太阳很毒。爹到了地里就脱去上衣，露出古铜色的皮肤，我也效仿。刚开始微风轻拂，很爽，可是不一会儿，我没经过太阳锤炼的皮肤就被炙烤得火辣辣地疼，一揭一层皮。我只好赶紧穿上衣服，汗水把衣服湿透了，黏腻腻的。整个下午我都在溽热中受煎熬。

终于要回家了，爹像个割草机似的飞快地割了小山一样的两垛草，他背起了其中一垛。我背另一垛，还没背起来就被压趴下了，我想喊爹，可他早走得没影了。我费劲地爬起来，把这垛草连拖带推终于弄回了家。到家时，天已经黑透。吃完饭，刚要睡觉，爹又叫我和他一起给牛铡草。忙完，快半夜了，我浑身瘫软地扑到炕上，脑袋还没有找到枕头就睡着了……一连许多天都是这样，我被爹支使得像个陀螺，没有一刻停歇。我的身体酸痛，手上和脚上长满了茧，对劳动重新有了深刻的认识。

学校离我家不远，在干活的间隙，偶尔会听到从学校方向传来的同学们的嬉闹声。我轻叹一口气，如果我不那么轻易地离开学校的话，那么此时在校园里奔跑的人群中应该有我的身影。看我愣怔，爹总会重重地咳起来，提醒我继续干活。

地总算锄完了，我长出了一口气，以为到了农人最潇洒的夏闲时光，我也可以歇歇了。没想到爹套上牛车，让我跟他一起去拉石头。

来到石场，我看到每一块都有七八十斤重，且都棱角如刀。见我发愣，爹讥讽说，光会看，石头是跑不到车上的。我有些生气，冲动地跑到一块石头前，弯下腰，企图搬起它。可我涨红了脸，它却纹丝不动。我不得不重新调整，长吸一口气，双手扣住石头底部，然后把整个胸膛都压在上面，持续了十几秒，石头终于离开了地面。我吃力地迈动双脚，把石头送到牛车上，卸去重担，顿觉眼前发黑，嗓子眼发甜。

就这样干了一上午，牛车来来回回不知拉了多少趟。我彻底累垮了，两手血迹斑斑，胸膛和肚皮也被划烂了。爹却看也不看我，只是搬石头和吆喝牛。我心凉如水，爹以前不是这样的，虽然脾气暴躁，可对我还是挺关心的，我就是咳嗽几声，他也要问问。如今，他对我，像对不相干的外人。

中午，我是被牛车拉回家的。崎岖的山路，老牛几乎颠散了我的骨头。我饭也没吃，倒在炕上，那种感觉就是奄奄一息。

下午，爹又套上了牛车，叫我说，走啦，再不走，后半晌就不出活了。

我没有动。

爹怒吼，满院子都听得见。以后的路长着呢，这一点点累就受不了？

我眼里含着泪，猛地坐起来。到了山上，我望着满山牛犊子一样的石头，苦笑了一下，我想我也许会死在这里，在太阳落山之前。

结果，我没有熬到太阳落山，在搬第一块大石头时就出事了。我倾尽全力搬起了它，刚刚挪了一小步，我就再也抓不住了，脱手时我下意识地把脚往回撤，可左脚慢了点儿，石头砸在了上面，血立刻从鞋里渗出来。这下，爹不能不管了，背着我上了乡卫生院。到了医院，医生扒下我的鞋，里面血肉模糊，我的两根脚趾粉碎性骨折。医生知道出事的原因后，生气地埋怨爹，这么小的孩子你就让他做那么重的活，你是不是他的亲老子？爹说，土里刨食的孩子，靠体力吃饭，不锻炼哪行？语气是淡淡的。

听完这话我就哭了。脱鞋和用酒精消毒的时候，我都没哭。可此时，我的眼泪像决堤的洪水，再也抑制不住。我感到悔恨和委屈，我听到自己的身体里有一个声音在喊：我不要过这种土里刨食的日子！

15岁那年夏天剩余的时光，我是在炕上度过的，在百无聊赖地听了无数遍的鸟叫和蝉鸣后，一个想法逐渐尘埃落定。在秋季学校开学的时候，我对爹说，我要重新上学。爹说，能读好吗？

我说，能。

爹再没说什么，掀开柜递给我一个书包，就是被我扔进村口臭水沟里的那个，不过现在它已经被爹浆洗干净了。

　　我背着它，一瘸一拐地重新进入校园。后来，我努力读书，毕业后成了一名光荣的教师。15岁那年夏天的遭遇让我终生铭记。在以后无数个日子里，我多次想和爹谈谈那个夏天，可是爹已经老了，即使对着他的耳朵大喊，他也会常常听错。关于生命中的那个夏天，我只能独自去体味。

将来能不能立足，全靠自己

师傅的责任是教给你谋生的本领，你的责任是抓住机会好好学习。

面试结束后，我跟老总说，我选薛宜做实习生。

通常情况，老编辑有很多事项向新人交代，我只说三句话：别用单位座机打私人电话；别人都可懒懒散散，你得按时打卡；中午吃饭，如果餐厅的代金卡没发下来，用我的。

好的，老师。她轻轻点头。

还有。我正色道，别叫我老师，我的名字，是王楚楚。

小薛是内秀的女孩。交代打印的文件，第二天页码排好了整整齐齐搁在桌上；帮编辑部同事订盒饭，每个人的口味都问得清清楚楚；最叫我惊叹的是她修改的标题，很有感觉。这些惊喜，我背地里一遍遍跟别人说。

但我还是派给小薛很多活，联系这个牛人那个大家。有次她脸红红地跑过来，抱歉，老师，韩某某我实在联系不到，他院里的人怎么都不肯提供电话。

那就上穷碧落下黄泉。跟接电话的讲，你十万火急；你是他失散多年的妹妹；你很仰慕他；找采访过他的记者；给他的博客写邮件；去他的办公室围追堵截……

好的，老师。她轻轻说道。

办公桌上的小本明明白白地记着一个号码，韩某某，画家。

小薛的成长人人都看得见。

来社里才5个月，她编了5篇随笔，做了4个人物专访，其中3个都是大家。在给她的转正鉴定上，我不吝笔墨，端端正正地写上：小薛是跳起来争取那些采访对象的。这份勤奋与执著，以她的年龄，她的资历，她的背景，实在难得。

这喜悦不是为了自己。一纸文件下去之后，一个人，乃至她家庭的命运，将会被深刻地改变。从此，小薛有了一份稳定的工作，大都市无情动荡，她却有了一方舞台，可起舞，可栖身。

很快，社里下达了编辑部整改通知。现有的大一统格局会拆分为两个部门，任命两个新的主任。我与生性懒散的老曾分别被任命为A、B部主任。

可是小薛居然申请去老曾的部门。她对我说："老师，我决定离开你了。"

我笑一笑，等待她把话说完。

"离开你，因为你是太苛刻的一个人。所有的人都懒懒散散、无所事事，你却规定我按时打卡；所有的人都用公家的电话大聊特聊，我却在你的目光下，一个简单的问候也不敢打回家；你自己不提，但很多人告诉我，若干年前你就采访过韩某某，关系很好。为什么举手之劳都不肯帮？"小薛的情绪很激动。

苦恼的是老曾。他不知拿这个小姑娘怎么办。一天，他乐滋滋地告诉我，给薛宜找了个活儿，负责后期制作，外加拆看读者来信。她内秀、心细，你说过。

嗯。我心里微微地咯噔了一下。有什么东西，要被毁掉了吧。

可薛宜茫然不觉。相反的，她享受着没压力的生活。九十点才来上班，下午四点下班。拆几封信、接几个电话、校校错别字，余下的时光，喝茶、浇花、聊聊天，与旁人都说说笑笑，除了我。

从此师徒是路人。

这令我始终没工夫说出想对她说的话。

22岁时的王楚楚，就像22岁时的薛宜。那时，王楚楚也曾把自身的成败，寄托在"师傅"身上，索要包容、怜惜与庇护。

可"师傅"说："楚楚，冷漠是俗世的本性，除了父母子女爱人，没人有义务予你深情。师傅终有一天会离开你，她的责任是教给你谋生的本领，你的责任是抓住机会好好学习。将来能不能立足，全靠你自己。"

王楚楚记住了这些话。以后再有冲锋陷阵，再不似小女孩般抓住大人的手，哀哀求告。26岁，凭自己的能力在江城谋得立锥之地。

所有的言传身教，所有的求全责备，以此为源。

工作太忙，薛宜渐渐淡出我的视线。重新注意到她，是两年后了。她扶着大肚子，拎一个空水桶、一把扫帚走下台阶。我忍不住责备老曾，怎么还要孕妇做卫生？

可要她做什么呢？写稿子，不能跑；寄包裹，担心重；接电话，抱怨喧嚣扰攘……

准天才小薛，就这样在苍茫的人海中，沉没、消失。

学会换位思考

曾有一位少年去拜访一位年长的智者,少年问:"我怎样才能变成一个自己愉快,同时能带给别人快乐的人?"智者送给少年四句话:第一句话是把自己当成别人,第二句话就是把别人当成自己,第三句话就是把别人当成别人,第四句话就是把自己当成自己。少年问:"这四句话中有很多矛盾之处,我怎样才能把它们统一起来呢?"智者说:"用一生的时间和经历。"

后来,少年走过很长一段人生历程之后,也成了一位智者。他是一个愉快的人,也给每个见过他的人带来快乐。他终于领悟了智者送他的四句话的内涵,他把这当作自己的人生格言。智者的四句话就好比一个快乐处方:

把自己当成别人。受到挫折屈辱时,把自己当成别人,便能置身事外,不快自然减轻;功成名就,取得成绩时,把自己当成别人,就不至于得意忘形,让胜利冲昏头脑。

把别人当成自己。和人交往,遇事设身处地地为别人着想,这事碰到自己头上,自己会怎样想,该怎么办?多给别人些同情心和帮助。

把别人当成别人。做人不要自以为是,要学会尊重别人,任何时候都不应怠慢别人,不能强求别人怎样做,怎样做是别人的自由,你无权干涉。

把自己当成自己。任何人都有自己独立的个性,你就是你自己,不是别人。把自己当成自己时,就得承担起自己的责任。

启示:品读故事,使我们以人为镜,学会换位思考,多角度、多方位地观察社会,善待人生,如是,我们便可摆脱不应有的烦恼,使自己的生活更加愉快,同时把快乐传递给周围的人。

学会欣赏自己的优点

记得4年前我刚回国时,第一个想到要买的就是一部车。经过一段时间的评估后,我决定买一部墨绿色的中型轿车。当时我的印象是一般人的车都买白色或黑色,所以认为自己的选择很独特,而且又很有品味。

正在为自己能买到一部与众不同的车而沾沾自喜时,我突然发现不论是在高速公路上、小巷子里,甚至于我住的大楼停车场中,都看到许多与我同型而且是墨绿色的轿车。我开始觉得很奇怪,为什么大家突然间都开始买墨绿色的车,所以我就把我的观察与同事们分享。

有一位女同事当时正好怀孕,听我讲完后就说:"我倒是没有看到很多墨绿色的车。可是最近我发现,无论在哪里都会看到孕妇。我记得上个星期天在逛百货公司时,短短两小时就看到6个孕妇,台湾的人口出生率最近是不是有提高呢?"我与其他同事异口同声地说没发现孕妇有增加的现象,她看到那么多大概是很凑巧。

后来我有一次在国外听演讲,才了解到这种现象在心理学上叫作"视网膜效应"。简单地说，这种效应的意思就是当我们自己拥有一件东西或一项特征时，我就会比平常人更注意到别人是否跟我们一样具备这种特征。

这个发现对我自己有什么影响呢？卡内基先生很久以前就提出一个论点，那就是每个人的特质中大约有80%是长处或优点，而20%左右是我们的缺点。当一个人只知道自己缺点是什么，而不知发掘优点时，"视网膜效应"就会促使这个人发现他身边也有许多人拥有类似的缺点，进而使得他人际关系无法改善，生活也不快乐。有没有发现那些常骂别人很凶的人，其实自己脾气也不太好？这就是"视网膜效应"的影响力。

一个人要人缘好、受人欢迎，一定要养成欣赏自己与肯定自己的能力。因为在"视网膜效应"的运作下，一个看到自己优点的人，才有能力看到他人的可取之处。能用积极的态度看待他人，往往是良好人际关系的必备条件。所以，从现在起，学习欣赏自己的优点和长处吧！

只有赢才会给人自信和动力

有个酒店的湖蟹很有名,每天都能卖出许多。这天他们要招聘一名厨师长,有两位厨师同时前来应聘,按常规,两人将各自上岗试工3天,等6天之后才决定聘用谁。

第一位试工的厨师很勤快也很有管理头脑,他除了自己带头外,还经常与其他厨师来一场"绑湖蟹比赛"。比赛时,包括酒店老板在内的所有人都被他娴熟的手脚所折服——他5分钟绑20只湖蟹,其他厨师最多绑12只!让老板更加满意的是,他懂得用比赛来提高大家的做事效率!之前他们5分钟最多只能绑10只。

接下来3天是另一位应聘者,同样的,他也懂得"竞争"的道理,所以每天一开始绑湖蟹他就号召大家来比赛,但是几乎让所有人都没有想到的是,这位厨师的动作并不快,然而他的喊声却很大,于是,这几乎成为大家的笑料。

尽管如此,那位厨师却并没有觉得羞愧,他反而用更大的声音喊着一定要追上其他厨师,他拼命加快速度追,其他的员工自然也就拼命地不让他追上,直到第6天试工结束,他绑湖蟹的效率依旧落在那些厨师的后面。

很快到了决定聘用谁的时候,第一位厨师认为老板聘用的一定是他,酒店其他员工也都这样认为。但是当老板做出决定的时候,让所有人都怀疑是听错了——他录用了第二位厨师!作为一名厨师长,干活的效率竟然比手下的员工还慢,那怎么服众啊?

酒店老板说出了其中的奥秘:第一位应聘厨师虽然手脚很快,但由于他总是赢而让大家缺乏自信和动力。

而第二位厨师做事的手脚虽然慢,但他的"步步紧追"逼迫着大家既兴奋又紧张地拼命加快速度,不让他追上,就在这追与进之间,每个人都在无意识中提高了劳动效率。接着老板让所有员工再绑一次湖蟹做试验,这次几乎让所有员工都意外——他们竟然每5分钟可以绑18只湖蟹了。

员工们没有想到的是——刚才在老板办公室里,第二位厨师已经当着老板的面绑过一次湖蟹,他的效率是每5分钟可以绑25只湖蟹。

"我是故意让别人赢的!只有赢才会给人自信和动力!"他说,"我一个人少绑10只湖蟹,但是其余10个人由此有了积极性,每个人多绑了6只,也就是说,我一个人少了10只,其余的人却由此而增加了60只。60只减去10只,那么总效率就相当于每5分钟提高了50只!"

作为一个管理人员,他的价值不光在于个人创造的效益如何,而是在他管理之下的整体效益如何!输给下属,这是一个管理者的智慧和胸襟。

别难过，妈妈

杂货铺就要关门下班了，阿尔弗雷多·希金斯穿上外套正准备回家，刚出门就撞上了老板卡尔先生。他上下打量了阿尔弗雷多几眼，用极低的声调说："等等，阿尔弗雷多，就一会儿。"他说得那么小声，这反倒让阿尔弗雷多不知所措了。

"怎么了，卡尔先生？"

"我想你最好还是把兜里的东西留下再走。"卡尔先生说。

"什么……什么东西？我不明白您在说些什么。"

"一个粉盒、一支口红，还有至少两支牙膏。阿尔弗雷多，别装了。"

"我真不明白您是什么意思。"阿尔弗雷多回答道，"您要不就是说我疯了吧……"他的脸刷的一下红了。卡尔先生还是用冷峻的目光盯着他。阿尔弗雷多完全乱了阵脚，他不敢正视老板。又过了一会儿，他把手伸进口袋交出了东西。

"小偷，嗯？阿尔弗雷多。"卡尔先生说话了，"好吧，小伙子，现在告诉我，你干这种勾当有多久了？"

"头一回，卡尔先生，我发誓。我以前从没从店里拿过任何东西。"

卡尔先生几乎没等他说完，就插话道："还想撒谎，嗯？不错，我看上去是那么傻，不是吗？我连自己店里的事都糊里糊涂，嗯？我警告你！你这么干已经很久了。"卡尔先生脸上的笑容古怪极了。"我不喜欢叫警察，"他说，"不过我想打电话给令尊大人，告诉他我要把他的宝贝儿子送进监狱。"

"我爸爸不在家。他是印刷工，晚上上班。"

"那么谁在家？"卡尔先生问。

"我妈妈，她在家。"

卡尔先生已经走到电话跟前。他通知她赶快到杂货铺来。

阿尔弗雷多想象着妈妈待会儿迫不及待地闯进门来，怒气冲冲，眼里噙着泪花。他想上前解释，可她一把推开了他。噢，那太难堪了！尽管如此，阿尔弗雷多还是盼着妈妈快来，好在卡尔先生叫警察之前把他接回去。

屋里两个人相觑无语。终于，有人敲门了，卡尔先生开了门。

"请进，希金斯太太。"他脸上毫无表情。

"我是希金斯太太，阿尔弗雷多的母亲。"希金斯太太大方地做着自我介绍，笑容可掬地和卡尔先生握手。

卡尔先生为这个妇人的表现怔住了，他怎么也没想到她会那样地从容不迫，落落大方。

"阿尔弗雷多遇到麻烦了，是吗？"她问。

"是的，太太。您儿子从我店里偷东西，不过都是些牙膏、口红之类的小玩意儿。"

"是这样吗，阿尔弗雷多？"她看着儿子，话音里带着伤感。

"是的，妈妈。"

"你干吗要干这种事？"她继续问。

"我需要钱，妈妈。"

"钱？你要钱有什么用？跟坏孩子学坏吗？"

希金斯太太转过身来，在卡尔先生肩上轻轻拍了拍，就像她非常理解他那样，然后说："要是您愿意听我一句话的话……"她语气坚定，但突然又停住了。她头转到了一边，好像不该再往下说了。"您打算怎么处理这件事呢，卡尔先生？"希金斯太太说着又转过身来，依然笑容可掬地望着他。

"我？我本想叫警察，那才是我该做的。"

"叫警察？"她反问道。

"是的，是这样的，希金斯太太。"卡尔先生说。

"我本来无权过问我儿子的事情，不过我总觉得对于一个男孩来说，有时候给他点忠告比惩罚更有必要。"

阿尔弗雷多觉得，今晚妈妈好像完全是个陌生人。你瞧，她笑得那么自然，和蔼可亲。

"我不知道您是否介意让我把阿尔弗雷多带回去。"她补充道，"他看上去个头儿倒不小，可像他这么大的孩子有头脑的没几个。"卡尔先生原以为希金斯太太会被吓得六神无主,一边流着泪,一边为她儿子求情,但事实太出乎意料了。她的沉着反倒使他自己感到很内疚。过了片刻,他摇了摇头,心里暗暗佩服这个女人。

"当然可以,"他说,"我不想太不近情理。现在我告诉您我的决定:告诉您儿子别再上这儿来了,至于今晚的事嘛……就让它过去吧。您看这样行吗,希金斯太太?"卡尔先生激动地握着希金斯太太的手说,"认识您很高兴,我不会忘记您是个好人的。非常遗憾我们只能以这种方式见面,请相信我这么做都是为了阿尔弗雷多好。"

"这总比永远不认识好。"她说,"晚安,先生!"

他们的手紧紧握在一起,就像交情深厚的老朋友一样。

"晚安,希金斯太太,非常抱歉。"

希金斯母子俩走了。他们沿着大街走着。希金斯太太迈着大步,眼睛直勾勾地盯着前方。两人都默默无话。过了一会儿,阿尔弗雷多终于忍不住开口了:"感谢上帝,结果是这样!"

"再也不会有了,你已经叫我够受的了。求你安静一会儿,别说话。"

到家了。希金斯太太脱了外套,看也不看儿子一眼。

"你不是好孩子,阿尔弗雷多,上帝饶恕你吧!闯祸,闯祸,除了闯祸你还会什么?没完没了!还傻愣着干什么?睡去吧。今晚的事别告诉你爸爸。"说完她进了厨房。

阿尔弗雷多躺在床上,听见母亲在厨房里。

"妈妈太伟大了!"他自言自语道。他觉得应该立即去对她说她有多么了不起。

他起身进了厨房,看见妈妈在喝茶。但那情景,让他大吃一惊。她坐在那儿失魂落魄,一张脸像被吓掉了魂一样看,根本不是杂货铺里那个沉着冷静的妈妈。她颤抖地端起茶杯,茶溅到了桌上,嘴唇紧张地抿着。妈妈一下子老了许多。

阿尔弗雷多一声不吭地站着。他突然想哭。从那双颤巍巍的手上,从那一条条刻在她脸上的皱纹里,他仿佛看到了妈妈内心所有的痛苦。他忽然意识到自己长大了。

那一天，
离我们还有多远

有一天，一个农民模样的人敲开了我的门。他说来这个城市寻找患了精神病而离家出走的孩子。孩子没有找到，钱花光了，回不了家，向我讨5块钱的路费。我翻了翻口袋，只有3块钱零钱，其余都是十元和百元的，我只好把3块钱给了他。他连声说着道谢的话，沧桑的脸上甚至流下了混浊的泪水。

他走了之后，我越想越觉得惭愧，3块钱是回不了家的，他相信我是个好人，可以给他帮助，而我却连这样一个举手之劳都无法做到，俗话说，一分钱可以憋倒一个英雄汉，想到一个大男人为几块钱流出的无助的泪水，我的灵魂开始了深深的自责。

我急急地撵出家门去追他，想给他多一些钱和一些安慰的话，却发现他已经从一个食杂店里出来，用3块钱兑换了一瓶酒和两根火腿肠，坐在一个长凳上美美地喝了起来。

我把事情跟邻居说，邻居说她刚刚也被骗去了5块钱。

每次在大街上见到乞讨，我都会扔下些零钱给他们。朋友们都说那是骗人的，笑我傻。他们和我做了个实验，他们说，你看到那个乞丐了吗？那是一个大约50岁左右的乞丐，朋友们亲眼看到他把别人给的零钱全都分出来放到后面的包里，碗里面剩了两个1元硬币和一张10元的，那时候我猛然觉得心被深深地刺痛了，看着那12块钱就好像是钓鱼人用的鱼饵一样，但是被钓的人却是我自己。朋友们坚持着他们的实验，给了我一个一角钱的硬币对我说："你去放到那碗里，看看那人对你什么表情。"最后的结果和他们的猜测是一样的，那人看了看那一角钱，用一种鄙夷的眼光看着我……我感到一种冷，凉却了整个身心。

我们的怜悯之心不知不觉的丢失了，很难再找回来。有时候我们总是要问，是不是买了一束玫瑰，就拥有了爱情；是不是给了乞者一枚硬币，就拥有了怜悯。令人沮丧的是，我们根本无法给灵魂一个满意的回答。

当你好心把电话借给别人打，结果却被调了包，自己手里拿着的，是一个手机模型；你开车将路边一个晕倒的老人送到医院，他的家人围着你不让你离开，说是你的车子撞到了老人；手机响了，过来一条短信，原来不过是要求您老人家出点血献点爱心，如果回复了，好，恭喜你，你把你的爱心又一次抛进了谎言的黑色循环轨道……偶尔发生在身边的这些令人倒胃口的事情似乎在考验着我们的善良，它让很多人的心灵变得僵硬。但我想：10个里面总会有一个是真的需要帮助的人吧，那样我便没有白白地浪费我的怜悯之心。做善事是从自己良心出发的，只求给予，不求回报，即使下次再被别人骗了，我也不会因此让自己的良心泯灭。

希望有一天，在尘世的各个角落都能看到这样一则失物招领的启事：拾到怜悯之心数枚，请丢失者速来认领。

那时，怜悯之心将走回各自的心灵，各就各位，散放各自的芳香。

那一天，离我们还有多远？

大学的那哥们

他是督促我长大、牵引我变得优异的人,也是这世上唯一跟我分享过成长中那朵秘密之花的人。

[诚征陪读]

那年我18岁,刚上大一,因为从小生活优越做惯了"伸手皇帝",于是我在校园BBS上发了一份帖子,大意是:

本人是大一新生,男,因独立生活能力较差,为不影响学习,现特征陪读一名以照顾生活起居,并特殊强调限男生,贫困生优先。

这个帖子发出仅半天时间,点击率就暴涨到两千多点。我电话接到手软,连课都没法上下去。

我并不是想显摆家里有多阔气,也不是为了在新环境里搞点噱头给自己赚人气。我只想在解决生活难题的同时,能交到一位朋友,还能帮助一下贫困生,这就是我的目的。

[马自强家特别困难]

马自强是这个时候打电话给我的,他的声音听起来很诚恳,他说他符合我提出的全部条件。我挺客套地说,你有没有什么特别的?比如成绩特别好,或者厨艺特别棒?

他沉默良久,我家里特别困难。然后他就把电话给挂断了。

大概是因为他这句话,我决心去找他。傍晚我按照和他定好的地点准时赴约,那是在学校南门外的一个小书吧门口。

他很准时,早早站在那儿等我。我打量着他,个子不高但挺结实,皮肤黑黝黝的,穿规矩的白衬衫黑长裤,袖子挽得高高的,腰间扎了根挺老土的皮带,表面的漆皮都快磨光了。他走到我跟前小声问了我一句:"你是林培文吗?"我说是,他就搓了搓手,羞涩地笑了一下说:"我就是马自强。"

他挺老实的,这是我对马自强的第一印象。我约他去冷饮店坐下谈,问他喝什么,他擦了下鼻尖,显得有点手足无措,摇摇头说:"我不渴。"

他也是新生,与我同在计算机系,可成绩好过我百倍。我问他关于他说的家里很困难是怎么回事。他本就有些拘谨的脸上更显出窘迫难堪来:"我爸不在了,我妈一个人养我跟我弟。今年我上大学,我妈连老房子都卖了,到工地上挑沙灰供我。我弟借住在亲戚家,说是来年一毕业就准备不读了。"

他小心翼翼地抿了一小口果汁,然后就不说话了。当听到我说让他跟我一起住的时候,他挠了挠头,黑黝黝的脸上笑出一抹红晕。

那天,走的时候他挺奢侈地要请我吃冰淇淋,他说:"你请我喝这么贵的饮料,我多不好意思啊。"他较真的样子把我给逗乐了。

[把酒言欢的青葱岁月]

这样的生活很惬意,马自强的厨艺没得说,功课也超级棒。有人送他外号"马自达"。他的"生命不止,自强不息"成了我们的室训。他帮我补习高等数学,让我荣幸地成为全班少数不挂科的奖学金获得者之一。

他一点儿也不活跃,球赛啊舞会啊之类的他竟然从来都没参加过。于是,一有机会我拉着他就往舞池球场上扎,就算他像只醉酒的大猩猩一样面红耳赤乱踩乱踏摔得鼻青脸肿,我也半点同情心都不肯施舍给他,直到他也变成舞林高手、李铁二号。

我们在夏天的夜里横七竖八躺在地板上,就着生啤花生米,看着天花板上咿呀呀的老电扇,听着收音机里隐约的歌曲,讲起某个女孩儿来。他惯常的开场白是:"我跟你说个事儿……"然后就神秘兮兮地跟我讲听说有个叫某某的女生喜欢你。

而我总是烦恼地叹息:"唉,可惜我对她没什么感觉……"

把酒言欢,那是青春时期男生们友谊最直白的表达方式。

[心仪女孩路晓班]

那样心贴心的夜谈终于渐渐集中到一个名字上,那个最耀眼最动听的名字——路晓班。

我们一起认识路晓班,在某辆公车上。公车进站了,哗啦一下人潮涌出,路晓班穿着印了我们学校校徽的粉蓝文化衫,牛仔裤,戴着白色耐克帽,帽檐压得低低的。她其实并不特别出众,但她笑起来的样子很甜。她拿把深蓝雨伞,站在前门喊了声"爸,给你伞",然后递过来就匆匆忙忙跳下车跑了。

就是这惊鸿一瞥,路晓班的样子印进了我脑海里。那天我一路以路晓班校友的身份跟她爸磨磨唧唧套近乎,直到打听到她和我们同一级。第二天我就跑去了播音主持系,开始疯狂追求起她来,路晓班却还是对我若即若离。

大三那个情人节前夕,我预备好了第二天的节目,准备给路晓班一个惊喜。我写了大红烫金的请柬让马自强帮我送去。他回来,我问起结果,他说路晓班收下了。

我等了路晓班一个晚上,她却始终没有来。午夜外面下起了雨,我独自一个人喝多了酒,趔趔趄趄往回走。经过学校大门,我看到马自强正和一个女生拉拉扯扯,蛮亲密的样子。我走过去准备打招呼,但就在那一刻,我呆住了。

女生是路晓班。

我的心剧烈发抖,一口气跑回了家。我打开宿舍灯,像困兽一样走来走去。我的心里像有一把愤怒和屈辱的火在烧,几乎要将我烧疯掉。

马自强的枕边放了黑色手抄本,他爱把一些精品小文经典句子抄在上面。当我在里面看到路晓班的名字时,心里那点猜疑变成了事实:原来马自强也偷偷喜欢一个女生,那个女生的名字叫路晓班。

[实习风波]

我们谁也没有获得路晓班的青睐,很快她就与别的男生恋爱了。在一次舞会上遇见路晓班,我问她为什么那晚没来,她奇怪地问我,你有邀请我吗?我意外且愤怒了:所有的过错不是路晓班不爱我,而是马自强从中作祟。

第一次我意识到了马自强的虚伪,从那以后,我们明显疏远了。

很快到了大四,系上有一个去通用实习的名额,我和马自强都有资格。辅导员找我们谈话,希望我们争取。马自强毫不犹豫地说:"阿林你上吧,我已经联系到别的地方。"

但事实并不是这样,在我准备好资料要应对面试的时候,家里被盗了。

手提电脑、手机、钱包统统丢失,我的档案资料以及所有相关证书也全部不见了。我像堆烂泥一样躺在床上,马自强坐到床边充满同情地安慰我。我脑子里突然间冒出一种揣测:丢失了档案证书,对谁最有利呢?

即使马自强没胆量偷电脑手机,但趁乱拿走档案袋是完全可能的,何况,一个小偷要我的档案袋做什么呢?这个念头一直在我脑中回旋,那一刻我再也按捺不住,终于冲着他大声嚷起来:"别在那假惺惺充好人了……"

那是我和马自强之间唯一的一次争吵。不知道那些话对一个极度自卑又自尊的男生来说有多么伤人,我只管把心里的怀疑一盆水一样将他泼得浑身透湿。他黝黑的脸涨成了紫红色,一副咬牙切齿想揍我的样子,但他说不出话来,他心虚了。

直到毕业,我们再也没有说过一句话。他当天就拖上唯一的那只旧皮箱匆匆搬走,据说很快就去通用实习了。

[两个男人之间的友谊]

6月来了,我们吃过散伙饭就各自开始了新的生活。我留在本城，他去了北京，即使相互关心扶持着走过了那样一段难忘的青春岁月，可到最后我们连一杯祝福酒都没有喝过。我们彻底失去了联系。

半年后我搬家整理旧物，在我们共同住过的房间里找到落满了厚厚尘埃的黑色手抄本。上面是马自强零碎的心情记录，但那情人节以后的内容是我所陌生的。他写到因为我，他对路晓班的喜欢退守成了关注，因此知道她和许多男生关系暧昧。他送去请柬，路晓班没有接受，他不知怎么跟我说，只好撒谎骗了我，情人节那天晚上，他央求了她很长时间，她都不肯去见我。

一张熟悉的请柬静静地夹在翻开的那一页。

而就在那一刻，我仿佛才懂了马自强。他连一杯果汁都不肯亏欠于我，又怎会忍心伤害我。他对我的好，是带了三分感恩三分尊重三分包容的，是宁肯低头求人也不愿看我伤心难过的。

这就是男人之间的友谊，他不懂得说什么，却只想着如何去做。他退让、隐忍，教会我独立、自律，他是督促我长大牵引我变得优异的人，也是这世上唯一跟我分享过成长中那朵秘密之花的人。

但我终于失去了这个朋友，这个在我成长过程中扮演了亦父亦兄亦友角色的人。

他到底没有留在通用，我辗转打听到他的消息，但最终失去了他的消息。我只有在学校BBS上再次挂上了那个帖子：诚征陪读……

永不放弃

一天,我决定放弃我的人生。为此,我到森林里,与上帝做最后一次交谈。

"上帝,你能给我一个让我不放弃的理由吗?"我问。

他的回答令我大吃一惊:"你看看四周,看到那些山蕨和竹子吗?我播了山蕨和竹子的种子后,给它们光照和水分。山蕨很快就从地面长了出来,茂密的绿叶覆盖了地面。然而,竹子却什么也没有长出来。"

"第二年,山蕨长得更加茂密。竹子的种子仍然没有长出任何东西。两年过去了,竹子的种子还是没有发芽。"

"然而,到了第五年,地面上冒起了一个细小的萌芽。与山蕨对比,它小到微不足道。但是,仅在6个月之后,竹子就长到100英尺高了。它花了5年时间来长根,竹子的根给了它生存所需的一切。"

上帝对我说:"孩子,你这段时间所做的挣扎,实际上就是你长根的时候。不要拿自己与别人对比。现在,你的时机到来了。你会上升得很高!"

我离开了森林，带回来了这个故事。千万不要后悔你人生中的哪一天，好日子带给你幸福，坏日子带给你经验，两者都是人生必不可少的。幸福让你甜蜜，考验让你强大，失败让你谦虚，成功让你闪光。

没有人能永远风光

[我和我的建筑都像竹子]

我17岁到美国宾州大学攻读建筑专业,后转学麻省理工学院,一直成绩优秀,所以1945年尚未获得硕士学位,就被哈佛设计院聘为讲师。

31岁的时候我作了一个让人惊讶的选择:离开哈佛,到一家房地产公司去工作。因为觉得学校里自由不够,希望能学点新东西,当时的公司负责人对我信任,眼光长远,能给我一点自由,让我自己开展工作。

当时第二次世界大战刚刚结束,纽约最具吸引力的建设项目是一些廉价房屋的利用开发,我说服上司,创造性地用水泥墙代替了砖块墙,采用舷窗式的窗户来扩大屋子的空间,改善采光,并在楼与楼之间留出空地作为公园。这次设计思路改变了部分市民的生活环境,当时得了一个称号——人民的设计师。

正在大家叫好的时候,我再次作出选择,离开房地产公司发展,因为那里还不够自由,尤其是发展建筑构思非常困难,但我很坚决，更渴望在文化建筑方面出点力，譬如美术馆之类，而非纯粹的商业运作。

有人说一个设计师的命运75%来自他招揽生意的能力，我不同意，建筑师不能对人说："请我吧！"自己的实力是最好的说服工具。怎么表现你的实力？就要敢于选择，敢于放弃，决定了的事情，就要有信心进行下去。

64岁，我被法国总统密特朗邀请参加罗浮宫重建，并为罗浮宫设计了一座全新的金字塔，当时法国人非常不满，他们认为我会毁了"法国美人"的容貌，高喊着"巴黎不要金字塔"、"交出罗浮宫"。法国人不分昼夜地表达不满，翻译都吓倒了，几乎没有办法替我翻译我想答辩的话。

当时的确有压力，我面对的是优越感极为强烈的法国人，而且罗浮宫举世闻名。不过做事情最重要的是要有十足的信心，必须相信自己，把各种非议和怀疑抛诸脑后。旁人接受我与否不是最重要的，我得首先接受自己，总而言之，建筑设计师必须有自己的风格和主见，随波逐流就肯定被历史淹没。

后来金字塔获得了巨大的成功，改建之后参观人数比之前翻了一倍，法国人称赞"金字塔是罗浮宫里飞来的一颗巨大的宝石"，我也被总统授予了法国最高荣誉奖章。那天记者采访我，我仍然保持一贯的低姿态，说："谦恭并不表示我有丝毫的妥协，妥协就是投降。"

这么多年，我敢说，我和我的建筑都像竹子，再大的风雨，也只是弯弯腰而已。

[在保守和创新之间]

我生在中国，长在中国，17岁赴美国求学，之后在大洋彼岸成家立业。20世纪70年代初，我首次回到阔别近40年的中国探亲观光，心中无限感慨。中国就在我血统里面，不管到哪里生活，我的根还是中国的根，我至今能说一口流利的普通话，平时的衣着打扮，家庭布置与生活习惯，依然保持着中国的传统特色。越是民族的，就越是世界的。

当然美国新的东西我也了解，中美两方面的文化在我这儿并没有矛盾冲突。我在文化缝隙中活得自在自得，在学习西方新观念的同时，不放弃本身丰富的传统。在作品中我极力追求光线、透明、形状，反对借助过度的装饰或历史的陈词滥调，去创造出独特设计。

"志于道，据于德，依于仁，游于艺"，建筑不是服装，可以赶时髦，建起来以后，不能说明年不流行了就立刻拆掉。我从来不赶时髦，你问美法两国的建筑师，他们都知道我比较保守；但我也从来不把自己定位成古典或者现代派。

我曾受邀在日本东京的静修中心建造一个宗教的钟塔，这座钟塔的形状很像日本一种传统乐器：底部是方的，往上逐渐变平变扁，越往顶端越锋利，日本人很喜欢，后来再次邀请我为博物馆作设计，博物馆的馆址被选在偏远的山上。当我还是孩子的时候，读过《桃花源记》，很羡慕那种世外桃源的感觉，于是把博物馆选在山上，在山上修了一座桥，穿过山谷通向博物馆。

在现代做建筑应该现代主义，不能往后走，要往前走，但是传统的东西也要恰当使用。的确，创新并不容易，我相信持续的艺术，但创新必须有一个深厚的源头。我在时代、地域和出现的问题中寻找创新。为达到自己最理想的设计风格，我不参加任何形式的竞争投标，起初总是有些困难，但很快就能以自己的风格和实力得到世人认可。

我一生之中设计了70多件作品，在建筑界小有建树，那是因为我了解自己以及自己的思想和能力范围。用自己独特的方式诠释建筑，注释人生。

[没有人能永远风光]

我从不缅怀过去，而是专注于现在。我把每个睡醒后的早晨都当成一件礼物，因为这表示还有一天可以工作。

人生并不长。我的原则是，只做自己认为美丽的事，创造出有震惊效果的美感。我也一直尽力保持活力。在纽约，人们常常看到我像青年人一样敏捷地冲过第57街，赶着回家。

我86岁时把自己的"封刀之作"选在苏州，想用全新的材料，在苏州3个古典园林——拙政园、狮子林和忠王府旁边修建一座现代化的博物馆。设计方案一出台，又引起了各界强烈的争论。很多人认为，这座全新博物馆将破坏原有建筑的和谐，损害这些古建筑的真实与完整，但这不能改变我的设计初衷，苏州博物馆真正呈现在世人面前时，我想他们会理解并喜欢的。那不仅是人们对贝氏建筑光环的追逐，而且是一个建筑师在年近90岁时的一份认真、执著和创新，会给他们一个满意的答案。

没有人能永远风光，但建筑是悠久的，最要紧的是看你的工作如何，工作能否存在于50年以后、100年以后……任何名分都会随时间流逝，真正留下来的只是建筑本身。

一颗悬着的心最美丽

朋友突然问我这样一个问题："你觉得一个人最佳的生活状态是什么？"当朋友问我这个问题的时候，我正在读美国桂冠诗人罗伯特·弗罗斯特（Robert·Frost）的诗，就顺势借用了罗伯特·弗罗斯特的诗句来回答朋友："树林美丽、幽暗而深邃，但我有诺言，尚待实现。还要奔行百里方可沉睡。"

我一直觉得这样一段诗句像是一座矿藏，拥有着发掘不尽的瑰丽。之所以这样说，是因为它能让我们做一个"醒着的人"，能让我们时刻铭记自己处在怎样的坐标上，向往什么位置，该怎样抵达。

"我有诺言，尚待实现。"是箭一样的生活，它能保证我们每个人永远"在路上"！

每个人都需要给自己装一个发条，拧紧了，就义无反顾地向前"冲"！"冲"是一股来自心灵的力量，这股力量的源泉就是我们的梦想，就是我们向着未来的天空许下的千金一诺。诺言说白了，也就是"奔头"，也就是在内心深处给自己立起一个"十字架"来。有了诺言的心，宛如一方田里播下了一粒种子，等待它的唯有动人的绽放，哪怕花开得不大。有了诺言的心，就像一只充了气的皮球，一声拍打就能爆发惊人的弹跳力！

一颗奔跑的心是无旁骛的。就像一支离弦的箭，只有靶心才是它的最向往的归宿。

若干年前，英国作家王尔德曾经无限感慨地说：人生有两大悲剧，一是得不到想要的东西，另一个是得到了想要的东西。此语一出，引起一片欢呼，共鸣者众。但是，如果你仔细阅读就会发现，王尔德说的是悲剧，为悲剧叫好似乎不是我们的本意，所以，介于两种悲剧之间的"我有诺言，尚待实现"就成了喜剧，因为，它代表的是一种绝佳的精神状态。既没有永远"眼巴巴地观望"的无奈，也摈弃了"攥在手里捂出汗"的无聊。

每个人心中都有一道填空题，生命为我们出好了题，并划出了线，就待我们去填上。拿到这道题目证明我们拥有了"考试"的资格，但是，并不等于我们能做对；真正做对了，空白也就给补上了，兴许还会致使很多人滋生骄矜的情绪，所以我们说，填空前思索的过程最美丽！

一只轮船，最优美的状态不在造船厂，也不在其停靠的港湾里，而在于起锚的那个瞬间，在于它在大海的胸膛里开足马力驰骋的时候，在惊涛骇浪之中，因为，只有在那时候才能挥洒出它生命的意义！欣赏一场音乐会，恐怕没有人会喜欢开场前的焦急，也很少有人会喜欢落幕时的嘈杂，观众们的兴致的高低是跟着艺术家的指挥棒而高低起伏的,开幕的灯光再绚丽,落幕的帷帘再华丽,都不是他们想要的。看一场电影,最抓人的情节多在主人公身陷囹圄的紧张,而不在于走出泥泞的释然。

朋友是刘翔的粉丝,我问她为什么喜欢刘翔,她的想法很简单,那就是:刘翔跨栏的姿势帅极了!我反问道,刘翔压线冲刺的姿势不帅吗?朋友回答:帅是帅,但那时候我的心已经落在肚子里了!

看来,有时候还是一颗悬着的心,最美丽!

母亲鞋

每次接到娘寄来的鞋,他都泪如雨下。看着那密密麻麻的针孔,想着娘在煤油灯下一针一针缝补的情景,他都难过得说不出话。

娘不是他的亲娘,但他却自小跟着她长大。两岁,娘背着他去割草;4岁,他在地头给娘守摊;6岁,他一个人去山窝里放羊;8岁,他做完饭后,蹲在门口等娘回来;10岁,娘把他送到了学校。

那个学校离家有三四里的路程,当他随着一群孩子走到里面,看见有那么多的家长时,他感觉很孤单。没娘在身边,他一个人躲在教室的角落里哭起来。回家后,他的眼睛肿了。娘问,咋了?他支吾着不敢说。但最后还是说了。

娘立马火了,骂道,没出息的东西,你一辈子就跟着娘吗?

他第一次看见娘发这么大的脾气,有些害怕。

然后,他便回学校了。

尽管上小学时只有三四里的路,但风吹雨打不变地走,一双新鞋要不多久就会穿破的。破了,娘就让他脱下来补补,直到补了好几层，实在没法补了，娘才拿出新鞋给他穿。而那双破得不成形的鞋，还要在娘脚下磨一阵子。

后来他上了初中，初中上完又读高中。在这期间，他几乎没买过鞋，基本上都穿娘纳的千层底。只有一次，他要参加学校的长跑比赛，必须得有一双运动鞋才行。

他对娘说，可以买双鞋吗？

娘一听又火了，问，你不是有鞋吗？

"参加比赛"，他说话的声音很低，"要求穿运动鞋"。

当娘明白事情的真相后，狠狠心，便给他买了。

但娘也交代，这鞋只能在开运动会的时候穿，平时要藏起来。他照娘的话做了。开完会后，他小心翼翼地把鞋放入柜子的底层。可是，等一年后再拿出来穿时，已经被老鼠咬得烂作一团，不成鞋样了。

大学是在大城市上的。校园里的学生穿着各种各样的鞋，样式新颖，款式美好，很耀眼的。而他，依旧穿的是娘定期寄来的布鞋。

一次，一个同学和他开玩笑，说，你家是开鞋厂的吧？不产皮鞋？

他笑笑，没回答。

走在城市的水泥路上，他觉得并非只有所谓的皮鞋才能通行。一个人能走多远，并不在鞋的好坏。

再后来，他参加了工作。

娘说，你现在能自己挣钱了，而娘也做不动鞋了，你可以买自己喜欢的皮鞋了。

可他总觉得，还是娘纳的鞋穿着舒服，轻便、跟脚。只有在必要时，他才会穿皮鞋，而平时都是娘的布鞋伴着他。

在他30岁那年，因为一次见义勇为，他的双腿受伤，把下肢截去了。开始他们都瞒着娘，怕她伤心。可最后她还是知道了。

"你做得对，"娘说，"只是娘对不起你啊，让你一辈子受苦，从没有穿过好看的鞋……"

娘说着，眼泪就簌簌地流下来。

而他，也哭了。

06

我也可以是男主角

感激耻笑
才见光明

邵兵移民到加拿大之前和我有一次彻夜长谈。这位我早年在一家地级市广播电视局工作时的同事，拥有资产在八到九位数之间，是我认识的不多的一个称得上富翁的人。

这天夜里，他喝了很多酒，也说了很多话，其中最让我记得住的，是他主动披露的发家秘籍。

他说：你还记得我们一起打台球吗？有多种线路选择时，球不容易进。而所有可能性被堵死了，只留唯一一条险路时，反而容易进球，这就是逼出来的角度。

当初，我在广播局上班就属于前者，无论是新闻业务能力还是创收能力，以及和主要领导的关系都是非常好的，这也就决定了我把眼光定在了当副局长这个现在看来有点像是个笑话的目标上。遗憾的是，副局长的位置是死的，而我这个梦想就像驴子面前挂的胡萝卜，时远时近地引诱着我一步步往前。如果离得太远，我就根本断了念想，而到嘴之后，也许就没有后面的故事，我可能到现在还坐在副局长的办公桌前扯胡子玩呢！

但生活的滑稽也就在于此。当时的局长一心想把事业做大做强,急需能人为他助拳,而那几位背景和资历年龄都很强势的副局长,能力和工作愿望却与之成反比。很多事不能干也不愿干,而扫帚不到,灰尘不会跑掉。跃跃欲试且工作能力强的我,被当成当扫帚的重要人选。为了便于工作,给我内定了一个享受副局级待遇的头衔,因为你知道,有时出门办事,许多地方就兴讲个对等。

我这个内部副局级惹来了一些麻烦。局里传闻,咱们局有个什么邵局长不?到处招摇过市,也不觉得丢人。这些传闻,最初从不满我的几个副局长开始,一直发展到上级有关部门。在那个体系里,落下这样的印象和名声,也就基本宣布洗白了。

在万念俱灰的情况下,我选择了去一家私营企业。那位老板与我合作过,知道我的能力,而我对他的人品和发展理念,也有信心。以往他就请过我,而我就是因为那个若有若无的胡萝卜,而拒绝了。

经过十多年的努力,我们终于成为一家大财团愿意收购的优质企业,我多年来收入所持的股份也以数十倍的溢价变现,成为一笔令我震惊的数字。而我自己,也为当年为了当副局长所做的一切,感到脸红和羞愧。我感谢当年耻笑过我的所有人,是他们为我逼出一个角度来。

生命
在于觉悟

朋友带我去看一位收藏家的收藏,据说他收藏的都是顶级的东西,随便拿一件来都是价逾千万的。

我们穿过一条条的巷子,来到一家不起眼的公寓前面,我心中正自纳闷,顶级的古董怎么会收藏在这种地方呢?

收藏家来开门了,连续打开三扇不锈钢门,才走进屋内。室内的灯光非常幽暗,等了几秒钟,我才适应了室内的光线,这时,才赫然看到整个房子堆满古董,多到连走路都要小心,侧身才能前进。

到处都是陶瓷器、铜器、锡器,还有好多书画卷轴拥挤地插在大缸里,主人好不容易带我们找到沙发。沙发埋在古物堆中,经过一番整理,我们才得以落座。

我不知道怎样才能形容那种感觉,古董过度拥塞,使人仿佛置身在垃圾堆中。我想到,任何事物都不能太多,一到"太"的程度,就可怕了。

我们都喜欢蝴蝶,可是如果屋子里飞满蝴蝶,就不美了,再想到蝴蝶就会生满屋的毛毛虫,那多可怕。

我们都喜欢鸟，但鸟太多，也是会伤人的，希区柯克的名作《鸟》，那恐怖的情景想起来汗毛都要竖起。

正在出神的时候，主人端出来一个盘子，但盘子里装的不是茶水或咖啡，而是一盘玉。因为我的朋友向主人吹嘘我是个行家，虽然我据实地极力否认，主人只当我是谦虚，迫不及待地拿他的收藏要给我"鉴赏"了。

既是如此，我也只好一件一件地鉴赏，并极力地称赞，在说一块茶色玉时，我心里还想：为什么端出来的不是茶水呢？

看完玉石，我们转到主人的卧房看陶器和青铜，我才发现主人的卧室中只有一张床可以容身，其余的从地面到屋顶，都堆得密不透风。

虽然说这些古铜都是价逾千万，堆在一起却感觉不出它的价值。后来又看了几个房间，依然如此，最令我吃惊的是，连厨房和厕所都堆着古董，主人家已经很久没有开伙了。

古董的主人告诉我，他选择居住在陋巷，是怕引起歹徒的觊觎。而他设了那么多的铁门，有各种安全功能，一般人从门外窥探他的古董，连一眼也不可得。

朋友补充说："他爱古物成痴，太太、孩子都不能忍受，移民到国外去了。"

古董的主人说："女人和小孩子懂什么？"

告辞出来的时候，我感到有一些悲哀，再怎么了不起的古董，都只是"物件"，怎么比得上有情的人？再说，为了占有古董，活着的时候担惊受怕，像囚犯困居于数道铁门的囚室，像乞丐住在垃圾堆中，又何苦？

何况，人都会离开世界，就像他手中的古董从前的主人一样，总有一刻，会两手一放，一件也不能带走。真正的拥有，不一定要占有，真正的古董鉴赏家，不一定要做收藏家；偶尔要欣赏古董，到故宫博物院走走，花几十元门票，就能看真正的稀世古物。累了，花几十元在三希堂喝故宫特选的乌龙茶，生活不是非常的惬意吗？回到家，窗明几净，也不需要三道铁门来保卫，也不需要和无情的东西争位置，役物而不役于物，不亦快哉！

我们的生命如此短暂，有所营谋，必有所烦恼；有所执著，必有所束缚；有所得，必有所失。

我们如果把时间花在财货，就没有时间花在心灵。

我们如果日夜为欲望奔走，就会耗失自己的健康。

我们如果成为壶痴、石痴、玉痴、古物痴，就会忘却有情世界的珍贵。

好好吃一顿饭、欢喜喝一杯茶，一日喜乐无恼、一夜安眠无梦，又是价值多少？

"百花丛里过，片叶不沾身。"那样的生活才是我们向往的生活，百花丛里是"有情"，片叶不沾是"觉悟"。

我也可以是男主角

小时候家里很穷，小小的我进了武行。那个时候一到片场什么都不学，就是学偷懒，哪里有地方可以睡觉就去睡觉，根本没有想过明天干什么。有一天我问自己，我就准备长期这么下去吗？我的目标是什么？后来找到了。我的目标就是做一个武术指导，因为除了导演之外武术指导是最威严的。

有了这个目标之后，当人家在布景板后面偷懒的时候，我就去看武术指导怎么策划一场动作。那时候我每天在片场扮死尸吓人，虽然我的本事比很多人好，但没有人相信。有一次需要有个人从二楼摔下来，导演刚刚说了一个"二"字，"楼"还没说完，我就"嗒嗒嗒"爬上楼准备往下跳。武术指导吼了一声："下来！"那时候很尴尬。我什么都不能做，只能扶纸板箱，就是保护演员用的榻榻米。

我知道即使你有本事，但如果武术指导不知道或不接受你，你就永远表现不出来。所以我想尽办法，帮他洗车、倒茶、抬凳子。一天他忽然叫我："这边有一个动作，你来。"就这样，我18岁成为全东南亚最年轻的武术指导。

以前很多演员只是漂亮，会功夫的人却没有办法做动作演员。我在一个机缘巧合下，教一个演员怎么做一个临死之前挣扎起来的动作。那个制片人看到了，对我说："你不错，不如你做男主角。"我就是这样开始做男主角的。

当我自己做男主角的时候，虽然我不识字，没学问，但我要学着写自己的剧本。后来想想，把我自己写进去就行了，于是就拍《A计划》、《警察故事》。当我把在片场里面这么多年积累的经验发挥出来的时候，发现原来我是可以的，所以我就自己做导演。

这么多年来，我相信自己，只要我做每一样事情都曾经努力过，将来就一定会成功的。

谁不渴望成功的人生

他叫谢成重，家在福建省德化县，父母都是以种田为生的农民。出生不久，他不幸患上了小儿麻痹症。两岁时，他的腿骨第一次骨折，后来又相继8次骨折。双腿不仅残了，而且极度萎缩，落下终身残疾。

谢成重从小就很要强，双手穿着拖鞋，手脚并用，爬着走路。他每个月要换两双拖鞋，时间一长，双手的手掌都长出了茧。他以顽强的毅力爬进了小学，爬进了中学……2006年8月，谢成重考进了福州的一所大学。在车站告别时，他对妈妈说："我在大学会更努力，更争气，将来一定要让妈妈过上好日子。"

大学的独立生活，对谢成重来说有许多困难，就连每次打饭，对他来说都是一次考验。他身高仅仅1.2米，双手摁在地上，磁卡举不到刷卡机的高度。他必须紧紧地抓住一旁的铁栏杆，才能"站立"刷卡和递饭盆。许多同学主动要帮他，他却坚定地说："我想站起来！将来我要靠自己的努力站起来！"

他找人改造了一双短拐，长约0.9米。他架上拐慢慢地练习，逐渐改掉了爬行的习惯，站了起来，而且越站越稳，越走越自如。

谢成重一边刻苦学习，一边勤工俭学。他摆摊卖过鞋，到一家公司兼职卖过日用品，还开过网店，在网上卖小挂件。他没有电脑，就去网吧。第一次，他只赚到5元钱，却品尝到了收获的喜悦。他对自己说："要沿着自尊、自强、自立的路走下去，就算爬也要爬出一条路。"

每当外出打工之前，谢成重总是打上领带，擦亮皮鞋，尽力给别人展示一个良好的形象。临出门，他常对着镜子照一照，笑一笑，鼓励自己：镜子里的这个人是世界上最棒的。

朋友问他："你的脸上为什么总是洋溢着阳光般的微笑？"他说："一张百元大钞，无论是被揉搓成一团，还是被扔进垃圾堆，它仍然有价值。一个人，无论是遭遇挫折、逆境，还是肢体残疾，也依然有自身的价值。既然每个人都有自身存在的价值，为什么不微笑呢？"

2008年，23岁的谢成重走上了寒门学子励志报告会的讲台。面对上千名听众，他说："所有事物都有两面性，要想成功，就要多看积极的一面。与其抱怨命运中的黑暗，不如仰望头顶的阳光。假如丧失了意志，我永远只能在地上爬行；假如丢掉了尊严，我只能在街头以跪乞为生。""正因为身体有残障，所以我更渴望成功的人生。不要说为了我们伟大的时代和可爱的祖国，就是为了我那亲爱而可怜的妈妈，我也必须努力、努力、更努力，成功、成功、更成功。我多一分坚强，就能为妈妈多争回一分尊严……"

找到那张自己的脸

有这样一个故事：

两只小狗，一只叫狄狄，一只叫笑笑，都在寻找朋友。狄狄来到多棱镜前。什么是多棱镜？多棱镜是依据物理光学原理制作的镜子，是一个镜子的组合体，能将镜子前的东西反射出一模一样的很多个。狄狄站在镜子前，看见许许多多的小狗，但它很快发现那些小狗对它并不友好，没有一点笑容倒也罢了，竟还对它怒目而视。狄狄气得对那些不友善的小狗狂吠起来，哪知道那些小狗也不甘示弱地朝狄狄狂吠。狄狄心想：这些小狗太凶，不适宜做朋友。于是垂头丧气地走了。

另一只寻找朋友的小狗笑笑也来到了多棱镜前。同样地，笑笑看到了许许多多的小狗。它非常友好地向它们打招呼，那些小狗也很友好地回应它，笑笑高兴极了，亲昵地去舔其中的一只小狗，而那些小狗一齐朝着笑笑吻过来。就这样，笑笑在"小狗"堆里玩了整整一天，和它们一起嬉闹着，蹦跳着，甭提多高兴了。因为它已经找到了朋友。

这是怎么回事？在同一个多棱镜前，为什么两条小狗看到的是完全不同的情态呢？

原来，狄狄找朋友时，怀着一颗戒备的心，它看到的其实是镜子里反射出的自己，它露出的不友好的表情，镜子原封不动地反射了回去；它恼羞成怒时，镜子再一次复制了它的态度。而笑笑怀着一颗乐观和友善的心——它向镜子里的小狗热情打招呼时，镜子热情地回应了它，接下来的事便显得理所当然了。

我们人也是一样的，别人的眼睛便是一面镜子，你不友好时，别人看在眼里，也会以不友好回应你，你投给别人一个微笑，别人看到了，又感应到他的内心，觉得很温暖，会很乐意交你这个朋友，久而久之，你的朋友将越来越多。

有一句成语——投桃报李。这句话可以是主动的，也可以是被动的。就是说，当你投给别人一个桃子时，别人便会回赠你一个李子。也可以说是，别人投给你一个桃子时，你应该回报给别人一个李子。生活就应该是这样善来善往。但实际上，我们往往总是埋怨别人怎么对你不好，却忽略了自己的一举一动一言一行。

古人言：以铜为镜，可以正衣冠；以人为镜，可以知得失；以史为镜，可以知兴衰。意思是从铜镜里，可以反映出你衣着的偏差，你应该予以纠正；从他人身上，你可以发现你不具备的品质或精神也知道了你比别人更幸运的所有，你应该向他人学习并感恩；从过去朝代的更迭中，可以预见未来的民心走向和国家的兴衰成败。

　　请记住，铜面是镜子，他人是镜子，历史也是一面镜子，微笑和恼怒，爱和恨，善良和丑恶都会是一面镜子。我们从形形色色的镜子里找到自己那张微笑的脸了吗？

温暖人间的音符

9岁的星本仿佛是一尾失水的鱼，倍感孤单至极。她随父母离开中国来到加拿大，每天独坐。她迷上了钢琴，音符犹如泉水飞溅温润她寂寞的心灵。星本大哭大闹，索要一架钢琴。当时她的父母工作还未稳定，全靠国内时的积蓄度日，却不忍拒绝。可是谁来教她钢琴呢？在国内聘请一位钢琴的教师每个小时也要100元呢，何况是在加拿大。

一个下雪的清晨，父女俩在公园里遇到了一位白发老者，得知他们的困境，老人请小女孩唱了一首歌，然后笑眯眯地宣布：我叫莫格，是钢琴教师，我愿意教这位小姑娘弹钢琴。星本的父亲傻了眼，莫格又说：每周一次课，每小时2加元，折合人民币12元，可以吗？回过神来，星本的父亲连声应和，星本更是欢呼雀跃。

周一，按照莫格留下的地址，星本跟着母亲去上第一堂课。居然是一间地下室，星本的母亲正在惊讶，莫格就迎出门来，西装革履。银发纹丝不乱，郑重犹如接待贵宾。屋子里很狭窄，但是一盏灯一盏灯全都开着，照着书架上的音乐书籍和资料，明亮干净。唯一称得上是奢侈品的就是一架钢琴。星本小鸟般的飞了过去。

那是一段美好的日子，年迈的莫格虽然是孤身一人，却乐观开朗。每当星本完成一本乐谱的练习，老人便会送上贺卡表示祝贺。课余时间，两个人在一起画画，用音符勾画出长颈鹿和绿色公园等等。小小的陋室里流淌着星本的笑声和老人夸张的赞叹。不久，莫格提议每堂课改为2小时，并且不加费用。看到星本的母亲感激莫名，莫格笑了，他说：我多教她一小时，是因为我自己喜欢，你不用感到愧疚。

又是一堂钢琴课，星本按了三次门铃，莫格才来开门，他面色青白，蜷着身子，仿佛一夜丧尽了气力。进了屋子，一向灯光辉煌的房间暗着，一向整洁有序的沙发乱着，星本的母亲坐立不安，可是莫格在上课如此严肃不容打扰。两个小时以后课程结束。莫格试图从椅子上站起来，可是双腿颤抖得跌回原来的位置上，但他拒绝了母女俩的扶持，喃喃地叹道：唉，老了！

第二天，星本的母亲和父亲去探望莫格，得知他已经住院了。病床上的莫格笑着说：抱歉，我不能迎接你们了，放心，我对死亡早有准备。原来早在四年前，莫格已经得了癌症。得知来日不多，他索性搬离闹市，避开朋友，蜗居在一间荒僻的地下室，只求安静地走完自己的人生。星本是他垂暮之年新的欢喜，他在重病期间，还找来一位赫赫有名的钢琴老师——亚力山大，他向亚历山大恳请道：我将离开人世了，请你继续我的心愿，帮助我的中国学生完成她的音乐梦想。

在莫格的葬礼上，牧师深情地诵读着：莫格享年77岁，是著名钢琴教师和诗人，培育了500多名学生。他感激一名中国学生给他的美好时光，并且转赠钢琴、琴谱等所有遗物，希望她能传承他对音乐的爱和信仰。星本在葬礼上并没有号啕大哭，她只是在默默地流泪，默默地念着老师的寄语：亲爱的星本，那架钢琴是我最心爱之物，送给最心爱的你。告别从来不容易，但我只是转换了我的住处，住到了你的心里，被爱者将化成爱者的灵魂。

此后，星本学习钢琴更加专注，再加上名师的指导，进步神速，她不再骄傲、任性，而变得从容体贴了。77岁的莫格蕴涵自己魂魄的黑白琴键成全了她的优美转变。

一年以后，在莫格曾演奏过的音乐大厅，星本举办了一场名为"献给莫格的音乐会"来筹集善款。众多加拿大人慕名而来。星本无从知晓莫格漫长的传奇人生。但是她懂得用爱，懂得用飞溅的琴音点亮尘世间更多沉睡的灵魂。"让你住到我的心里，化作我的灵魂。"这就是老师教给她的最美的艺术！

充满整个世界的琴声

那天去学校接女儿放学,她给了我一个莫大的惊喜。

她老远就开始奔跑,边跑边向我大声地炫耀着:爸爸,我获奖了!

原来是女儿参加了学校的才艺大赛,她吹的口琴得了一等奖。女儿扬着脸,骄傲地问我如何奖励她。我说,走,去吃肯德基。她一下子蹦得老高,直呼老爸万岁。

从肯德基出来,女儿又嚷嚷着要去夜市溜达。难得她这么有心情,况且明天是周末,我便说,好吧,正好一会去看你妈妈的演出。她欢呼雀跃,手舞足蹈。孩子总是那么容易满足,你给她打开了一扇窗子,她便仿佛拥有了整个世界。

让女儿安静下来的,是街边那个跪着乞讨的小女孩。作为一个望女成凤的家长,我自然不肯放过这个教育她的好机会:"你看,这是个比你不幸的孩子,你刚刚吃了肯德基,可她却要在这里跪着向人们乞讨。"

"她为什么要跪着呢?"女儿问我。"因为她要博得别人的同情和怜悯。"我不知道这样的教育能否起到作用,只是看到女儿忽然安静下来，似乎在思考着什么。

我看到她在自己的书包里翻腾了起来，然后拿出那个令她获得一等奖的口琴，向我征询道："我可以把这个送给她吗？"

为什么是这个呢？我有些不解。为什么不是给她零钱或者冰淇淋之类的呢？尽管有些疑问，我还是点头答应了。女儿拿着口琴，放到胸口，思忖了一会，仿佛下了很大的决心，然后向那个乞儿走去。

毕竟那个口琴是新买不久的，她有些爱不释手。

我听女儿对那个乞儿说，有了这个口琴，你就能演奏了，你就可以不做乞丐了。我妈妈就是给人家弹琴挣钱的，可以给我买好衣服穿，领我吃肯德基。

我看到女儿像模像样地手把手当起了"师傅"，教那个小乞儿吹了一首《世上只有妈妈好》。别说，那忧伤的曲调还真能赚人眼泪。

我"配合"着女儿的善举，买了一个小折叠凳给小乞儿，告诉她以后不要再跪着，要坐着吹口琴。

女儿叽里咕噜地和她说了很多，然后伸出她的小拇指，和她拉勾。原来是女儿答应她，每天放学之后都会到这来，教她半个小时的口琴，直到她学会为止。

尽管那天她吹的曲子五音不全，但我还是从兜里掏出一张10元面额的纸币，轻轻放到她前面的小纸箱里。她站起来，欲向我道谢，我说："这是你自己劳动得来的，是你应得的。"我只是想让她明白，从那一刻起，她已经不是乞丐了，而是一个自食其力的人。

这个时候，我发现女孩的身边慢慢聚了很多人。那些匆匆忙忙的人都放慢了脚步，因为听到了这琴声。我看到有些人把手里的零钱放到女孩的纸盒里，然后摸摸她的头，一副爱怜的样子。那是个很温情的场景。我想那些听了这琴声的心灵，哪怕是获得了片刻的宁静，也是一种收获啊。有爱才有了琴声，我发现那断断续续、稚嫩而又美丽的琴声如同汩汩而出的泉水，正在慢慢注入一些人的灵魂。

而这一切的"始作俑者"，是我的女儿。此刻，我们要去看妻子的演出，我们正在通往音乐的路上。

妻子一直在一个大酒店拉小提琴。我已经很久没去看她演奏了。我在角落里找了一个座位坐下，有些偏僻，但妻子还是看到了我们。她开始演奏，我清清楚楚地感觉到妻子眼中闪现的温柔。

善良的琴声像早春的雨，丝丝缕缕，滋润着万物，滋润着心灵。

一起回家的路上，我和妻子说起女儿今天的"成就"，妻子对女儿赞不绝口。女儿早已在旁边飘飘欲仙了。我点着头说，现在可好，我这耳朵里被你们弄得全是琴声，满世界都是琴声了。

上帝赏赐的西红柿

15岁的本·斯巴恩和他13岁的弟弟哈利森·斯巴恩,在德克萨斯州的一个农场附近流浪了一个礼拜。暑假里的第一个礼拜天,哥哥本给弟弟哈利森买来了一个比萨饼。本说:"哈利森,你已经跟我在这里捡了一个礼拜的废品了,这是哥哥给你的奖励。"哈利森两眼放光地接过比萨饼,狠狠地咬了一口后,说:"味道好极了,只是,哥哥,要是再有点西红柿酱就好了。"

本用手挠了挠后脑勺,有点为难地说:"弟弟,我们已经没有多余的钱买西红柿酱了,因为我买了足够我们吃一个礼拜的面包,卖面包的姗妮太太还多给了我们几个面包呢。"哈利森安慰着本说:"哦,是这样啊,哥哥,那还是算了吧,其实我也不是很喜欢吃西红柿酱呢。"本朝四周看了看,突然高兴地说:"不如我们去买几个西红柿自己做西红柿酱吧。你看,那条大路边上便种有一小块西红柿,只是不知道是谁种的。"

本和哈利森在那块种有西红柿的地边上徘徊了很久,也没见到它的主人出现。最后,本说:"可能是野生的西红柿吧,不如我们先摘上几个吃吧,如果它的主人找来,我们便给点钱。"哈利森觉得哥哥的主意不错,于是兄弟俩一人摘了两个西红柿。那天晚上,他们将西红柿捣成酱涂在了干冷的面包上,他们吃得津津有味,觉得世界上再也没有比这更加美味的食物了。

本和哈利森的父母早逝,他们是靠一位不知名的人的捐款才上的学。可是,学校放暑假时,他们便没了去处,他们只得四处流浪,靠捡废品换得一些面包充饥。没想到,他们竟然发现了这么多野生的西红柿。刚开始,本还以为这些西红柿是有主人的,于是每天都会去那块地边等主人的到来,他希望能够给主人一些钱。可是,整个暑假都快过去了,他们也吃了不少西红柿,可是主人还是没有出现。本的弟弟哈利森说:"肯定是上帝可怜我们,于是便赐给了我们这么多西红柿。"

就在本和哈利森的暑假快要结束的前一天晚上,本晚上从他们临时搭建的帐篷里出来小解,突然看到月光下有一个瘦弱的身影在西红柿地里晃动。莫非是一个偷西红柿的贼?可是,那明明是一块无主的地,他们可从来没见过西红柿的主人,不管是谁都可以摘的啊。那人为什么不白天来摘,而偏偏要晚上来偷呢?本想,这人真是怪。就在他决定不管那人,回帐篷继续睡觉时,突然发现,那人似乎并不像是在偷西红柿,反倒像是在给西红柿浇水。

如果不是西红柿的主人,谁会给那块地浇水呢;如果是西红柿的主人,又为何不白天浇水而要等到晚上呢?莫非晚上浇水对西红柿的生长有利？那也没必要等到半夜呀。强烈的好奇心驱使本慢慢地走到了那块西红柿的地边上，本想，不管怎样，他都得去看看，如果万一是西红柿的主人，他就得给他一些钱作为补偿。

当本走近时才看清，那个瘦弱的身影居然是卖面包时多给了自己一些的姗妮太太。本小声叫道："姗妮太太，这些西红柿是您种的吗？"姗妮太太显然没想到这个时候还有人出现在她的身后，她突然转过身来："哦，小宝贝，你是怎么知道这些西红柿是我种的呢？"本说："如果不是您种的，那您为何要给这些西红柿浇水呢？"

姗妮太太说："千万别说出去，我的孩子，我之所以这个时候来给西红柿浇水，是因为我不想让别人知道这些西红柿是我种的，特别是那些像你一样的流浪儿，还是让他们认为这些西红柿是野生的好，这样他们便可以安心地享用了。"

本突然感动得泪流满面，本说："谢谢您，姗妮太太，虽然我是一个流浪儿，但从来没有感到孤独过，因为我知道，在这个世界上，有许多像您一样关心我们疼爱我们的人。"

铃兰花

紧挨着我们家的地头有一块黑黢黢的洼地,大家都管它叫地狱。它三面由陡坡环绕,活像一口深锅,只有一个隐没在晦暗、神秘的密林里的出口。山坡上长满了杂乱的灌木、黄檗、千金榆幼树、乌荆子、野樱桃树和一些乱七八糟的玩意儿。林丛间荒草蔓生,它们只宜于作羊饲料。在这里你可以找到扫石南、蕨草、木贼、藜芦和其他一些无用的杂草。"地狱"里人迹罕至,阴阴森森,人们来到这里,心都会不由自主地紧缩起来。那里唯一有生命的东西是一眼泉水,它从洼地底层布满青苔的山岩下涌出来,经过一段不长的曲折流程,流到外边的广阔天地里,然后在那里消失。泉水的淙淙声响彻整个洼地。这种水流的喧闹声被三面陡坡折回来,在森林中回荡,变得更响了。溪流日夜不息的声响给这个阴森恐怖的地方蒙上了更神秘的色彩。

我打从记事的时候开始就害怕这个地方。

有一次,正好是星期六黄昏,父母坐在我们家的门槛上,若有所思地翘首望着春天晴朗的天空,母亲深深地叹了口气说:"哎呀,我真想明天带一束铃兰上教堂,可惜哪里也找不着。"

"是呀,眼下找铃兰是晚了一些。要有也就是在'地狱'里了。"

一听到"地狱"这两个字,我全身不禁打了个寒战。我好不容易等到父母起身闩门,然后上床睡觉。夜里我久久不能入眠,这个可怕的地方老在我眼前浮现。在我内心深处却回响着母亲的叹息声。铃兰花和"地狱",这是多么不相容的两件事物啊!我特别喜欢铃兰,寻遍了我家前后的所有坡地和沟谷。可我却不知道它们也长在"地狱"里。

早上我起得格外早,准是我在梦里出过大汗,所以身上还是湿淋淋的。我通常都是一早就去放牧。天天早上都要别人把我叫醒,然后把我从被窝里拽出来。今天我可是自己起的床,踮着脚就出了家门。父亲和母亲还在酣睡,因为今天是星期日。

蓦地,恰似有一股神奇的力量使我迈开步子,穿过地头,径直向"地狱"走去。我从坡坎上恐惧地往昏暗的洼地瞥了一眼,为了不看它,就紧闭着双眼往下走,心里盘算着在底部的山岩旁一定会找到铃兰花。一直走到了底部,我才睁开眼睛。

我看见许多芬芳馥郁的铃兰花,于是动手大把大把地采起来。就是在这种情况下,也没有向四周张望的勇气。我怀着一种兴奋而难过的心情,谛听着潺潺的流水,和它那叫人不寒而栗的回声,这声音在清晨的宁静里听起来比平日更响。我捧了一大把铃兰花,赶紧走出了"地狱"。我一口气往家里跑去,等跑到家，刚赶上母亲正要出门。

　　这时，天边的红日已经把它的第一束光辉投进我们家的院子，把院子装扮得绚丽多彩。母亲伫立在霞光里，周身通红，漂亮极了，犹如下凡的天仙。我捧着铃兰向她跑去，一边还得意地大喊着："妈妈，妈妈……铃兰……"

　　我沉浸在幸福和无限的喜悦之中，更显得容光焕发。

　　母亲的脸上也漾起欣喜的微笑，她满心高兴地伸手接过花束，捧到脸边。但在吸进那浓郁而清新的花香之前，她先看了看我。

　　"你为什么哭，我的孩子？……"

　　我刚才因为害怕而涌出的大颗泪珠还噙在眼里，但陶醉在胜利之中，竟把它忘得一干二净了。母亲猜到了我的壮举，她慈祥而温和地摸了摸我的头。

燕子飞了又回

在我的家乡，有这样一句俗语，叫做"七九河开，八九燕来"。时令一旦过了"惊蛰"，那双双对对的紫燕，就像是久别故乡的游子，陆陆续续地向北方飞来了。

它们每到一个村镇，像是训练有素的仁义之师，立刻化整为零，悄悄地飞进千家万户，自己"搭房盖屋"，组成"家庭"，生儿育女，享受着宇宙间最值得崇尚的"天伦之乐"……

记得那年我过生日，妈妈特意为我做了一碗"长寿面"，在汤里放了两个又大又圆的白果。喜得我哪还顾得上嚼，简直是狼吞虎咽地朝嘴里倒。当我快吃到一半时，就听"叭"的一声，碗里忽地溅出许多汤点子，用眼一扫，天呀！竟是一块指甲盖大的脏泥巴掉在碗里。我的脸色立时由"晴"转"阴"，心里骤然生出一股懊恼委屈的情绪。

母亲却笑了，慈爱地抚摸着我的头，温情地规劝说："你瞧，小燕子是无意的，它们正望着你道歉呢。"

我仰头一望，见房脊上两条椽子中间，正在筑起一个鸟巢。一对紫色的小燕，露着白白的肚皮儿，歪着尖尖的小喙，眨动着一对水汪汪的小眼,像是哭泣的样子,正在不停地啼叫。仿佛是在说:"原谅我们吧,小弟弟,这是筑巢时不小心才掉下来的呀……"

然而,一向娇惯而又任性的我,并没有原谅鸟儿们的无知和可怜,相反,却恨它不该弄脏了我的长寿面。从此,我特别留意燕子做窝的情景,不时地在寻找报复的机会。

这对紫燕乖稚可爱。它们从早到晚,不停地奔忙,从河边衔来一块块泥巴和稻草,小心翼翼地筑造着自己的巢。它们每次把叼来的泥巴,抹在巢壁上以后,总要吐出许多像"唾沫"一样的黏液,牢牢地粘住,再用它的喙,上下左右地蹭,像泥瓦匠那样,一点一点地修光。小燕的巢,在慢慢地增高,那对"小夫妻",有时也落到附近的大橡上,望着新巢不停地叫,像高兴地欣赏着自己的"艺术作品"和劳动的成果。希冀着不久的将来,就能住进这"新房",过上一种真正的恩爱生活。

大约过了一个月左右的光景,鸟巢终于筑成了。于是,我进行报复的机会也随之来临。那天下午,趁着母亲正在熟睡的空子,我偷偷地跑到场院,找到了一根很长很长的竹棍,匆匆地跑回屋,见那对小鸟外出还没有回来,一场恶作剧便开始了。我先是用这根竹棍将鸟窝捅了一个洞,看着还不过瘾,就干脆抡起棍子,把那馒头似的窝,捣了个稀巴烂。那些碎泥片掉了一地。不一会儿,紫燕飞来了,一见屋梁上的巢被损坏，顿时吓蒙了。它们不相信这是事实，以为是走错了地方，"刷"的一声飞出屋，立在当院里的电线上，左瞧右看。最后终于相信没有走错以后，又飞回屋，挨着椽子一根一根地去找，而后站在大椽上朝下一望，似一切全明白了。当时我手拿着竹棍儿，正幸灾乐祸地笑着，地上堆了一层泥块和稻草。于是，它们死死地盯住我，声嘶力竭地呼叫一声比一声高，那凄厉的叫声，像是在哭泣，像是在呐喊。呵！这弱小无援的生灵呵，在如此巨大的灾难面前，不能抗争，不能搏斗，不能报仇！只能是这样不停地啁啾，以示自己的悲痛和不平。我的心灵开始战栗了。我当时只想取笑和玩耍，没想到给它们带来的却是如此深重的痛苦和不幸。我默默地低下头，不敢看它们的眼睛，我觉得自己像犯了什么罪一样恐惧和难过……

　　这小鸟的叫声，终于把母亲吵醒。她走出屋，见那对可怜的小燕正在房上叫。妈妈朝地上一看，简直气疯了。她二话没说，叭叭两下，朝我圆鼓鼓的屁股上，重重地打了两巴掌，厉声地骂道："你这害人精，知道不，它们是吉祥鸟，到谁家谁发旺。人家求还不来呢，可你却硬要撵它们走……"

　　妈妈絮絮叨叨地骂着，我自知理亏，虽然屁股上像着了火一样疼，但我硬咬住牙不吱声。这样过了一刻钟的样子，那对心地宽厚的燕子，终于停止了叫声，不声不响地飞走了。妈妈望着它们飞去的背影，喃喃地说："原谅我的孩子吧，他实在是太小不懂事呵。"

我终于哭了。我悔恨,我内疚,我觉得实在对不起那对小燕子。我想它们再也不会回来了。夜里,我梦见那对小燕子变成了一对年轻夫妇,悄悄地来到我的身边,轻声地说:"请记住孩子,在这个世界上,无论人还是鸟,都有生的权利和存在的地盘,不要伤害别人,这是做人的根本。"

第二天,我起得很晚,妈妈在睡梦中把我唤醒:"柱子,快起来,小燕子又飞来了。"听了这话,比过生日吃长寿面和荷包蛋还要高兴。我"骨碌"爬了起来,三脚两步蹿到外屋,一看,那对感情笃厚的小燕子,又双双衔来泥土和草棍,开始重新筑巢了,而且,比以前干得还欢。好像它们懂得,筑完巢就得生育后代,到秋天时,好把这些孩儿们带到南方去过冬,节气不饶人,它们必须争分夺秒,把失去的时间抢回来。我看它们不吃不喝,忙碌不停的样子,实在心疼,就把小米和水放在一只小碗里,爬着梯子送到大椽上,叫它们累了好吃一口。不料妈妈知道后,又狠狠地数落了我一顿:"傻小子,你真是四六不懂,那燕子是益鸟,根本不吃地上的食,专吃在空中飞着的害虫。今年夏天咱们家之所以没挂蚊帐,就是因为有这对紫燕,是它们出出进进,把蚊子全给吃了。"

是的,那年夏天,我们确实没挂蚊帐,也没感到有蚊子咬,这是小燕给带来的福祉。从此,我对燕子更加喜爱了。我每天起得很早,想给它们开门,让它们快去衔泥做窝。然而,我每次开门,也不见燕子飞出。后来妈妈告诉我,自从那窝被我捅掉以后,为了加快盖"屋"进度,每天天刚蒙蒙亮,燕子们就开始干活。叫得妈妈没法儿,就在堂屋的窗户上开了一个大窗眼,它们就从那里飞进飞出。想到这些勤劳的燕子,我再也不睡懒觉了。我也要早早地起来,坚持给它们开门,不能再让燕子钻窗户。然后,再像勤劳的燕子那样,帮妈妈扫院子,干零活儿。

炎热的夏天快过去了,燕儿们终于起早贪黑地搭好了窝。我见那"小两口"又蹲在院里的电线上,用小喙梳理着湿透的羽毛,互相长久地望着,好像在窃窃地交谈:"我们的新房盖好了,快美美地睡上几天吧。"这以后,我家的紫燕,虽然比别人家的燕子晚产一个多月,但也终于孵出了小燕,一共有四只。每天,它们不是像其他燕子那样,父母双双都去外边为小燕觅食,而是互相倒换着班,总有一只燕子留在窝里,没遍数地用小嘴儿为雏燕梳理羽毛。这样过了一段时间,奇迹出现了:这四只摇摇晃晃的小燕,在父母的带领下,也开始磕磕碰碰地飞出去"放风"了。它们在地上连飞带走,就像娃娃开始学步那样,试探着,刚要展翅,就栽了一个大跟头,然后继续练。

秋风凉了,那些在北方消夏的候鸟开始南飞了。村上所有分散在各家做巢的紫燕,也都陆续离去。只有我家的那对燕子没有走,继续带着儿女们在加紧练习。我望着雏燕艰难学步的样子,真想哭,眼看就要下霜了,怕是回不去了吧……

在焦急的等待中,又过了些日子,一天早晨,两只紫燕带着四只羽毛逐渐丰满的雏燕,在高空中飞翔了一阵儿,然后一溜排开,全落在电线上,互相不停地嘀啾着,一遍又一遍地梳理着自己的羽毛。接着一只大燕在头,另一只在后,中间夹着四只小崽,在院子里盘旋了两圈,像是在告别,像是在问候,"刷"的一声,向南方飞去了,从此,再也没见它们回来。妈妈说,这次是飞回南方过冬去了,要等明年春天才能回来。

"再来时,还能认得出咱们这个家么?"我红着眼问。

母亲见我要哭的样子,慈爱地拍拍我的肩头说:"放心吧孩子,燕子记性最好,更不会记仇,它们到明年会回来的。"可我还是不放心,生怕那四只雏燕飞不过江,越不过海。因为它们晚生了一个月,才长好羽毛,那么稚嫩的身躯,能与风浪搏斗么?如果它们万一飞不到,那可全是我的过错,我真对不起它们呵……

这年秋天,我随哥哥到城里上学了,从此再也没有回老家去过。可那对燕子却深深地印在我的记忆里。我给予它们的只是伤害和痛苦,而它们却教给我许多做人的道理,我懂得了宽容,懂得了怎样去拼搏奋斗,使生活更美好。我多么想再回到童年那个老家里,早早地打开门,为小燕搭窝做点什么,以弥补我过错中的万一呵。

渣打银行的培训

在我留学第三年的暑假，我非常幸运地获得了渣打银行分行的实习机会。

实习从培训开始。除了渣打的背景文化、基本业务，在培训的最后阶段，我有生以来第一次上了一堂有关抢劫的理论课。在讲了一通抢劫的形式、抢劫犯的心理之后，培训官问："有谁知道，遇到抢劫时该怎么处理吗？"我们都会心一笑，这一招太值得学习了，伦敦的治安每况愈下，抢劫时有发生，让劫匪时常惦记着的银行确实该教些防劫高招。

当我们准备好洗耳恭听时，风度翩翩的培训官短促地吐出几个字的答案："那就是，要贪生怕死！"我们都掩口而笑。

培训官一脸严肃地说："这不是笑话，希望你们记住这几个字，我们贪生，是因为我们珍惜生命；我们怕死，是因为我们不希望别人失去生命。每一个人只能享受一次生命，我们的生命就是我们唯一的财富，我们一定要尊重生命、热爱生命——自己的和他人的。"听着培训官由严肃的教导转而深情的讴歌，我陷入了沉思。三年的伦敦生活中，我已深深领教了英国人的"贪生怕死",而且我也渐渐入乡随俗。

一周的培训结束后,我和另两名中国留学生Cathy和Linda被安排在柜台实习。银行的柜台业务主要是开户、销户、存取款、代办交费之类的,和国内没有什么区别。每天我们三人都是最早到柜台的,争抢着要做银行的开门人。我抢到过一次,亲手打开防盗门、玻璃门,仿佛是打开通向财富之门。

那天早晨Cathy赢得了开门的机会,当她打开双重大门,折回柜台的时候,一名黑衣男子冲进银行,二话不说,猛地将Cathy抱在怀中,用枪抵住她的太阳穴,疯狂地冲着防弹玻璃内的我们叫道:"把钱交出来,否则我就要了她的命!"我们都被这突如其来的变故惊得目瞪口呆。很显然,只要稍有迟疑或者反抗,Cathy很可能就要脑袋开花!我转头看Linda,她早已哆哆嗦嗦趴到柜台底下缩成一团了。我要像Linda一样"贪生"吗?我否定了这个想法,因为我知道Cathy的生命和我们的一样珍贵,此刻,她也一定不想死。

歹徒要的是钱,给他钱好了。盯着一沓沓整齐的钞票,我有主意了。我假装急急忙忙地从保险柜取钞票,趁机扯断捆扎条,然后抱着几沓钞票,往外一扔;那几捆钞票顿时如天女散花一般,散落在柜台外的地上。趁着歹徒分神捡钞票的当口,我向Cathy示意赶快逃跑。Cathy挣脱了,但她径直向柜台安全门跑过来,正在她准备用自己的指纹开启安全门时,歹徒一个箭步跟上她。情急之下，我拉响了警铃。一时间，营业厅铃声大作，歹徒惊慌之中对着Cathy一通扫射后，夺门而去。

我失声尖叫起来，警察、其他同事全都闻讯出现了。我迅速打开柜台的安全门，看见倒在地上血迹斑斑的Cathy，大喊："快叫救护车！"这时，Cathy竟然没事般地站起来，低头看着自己制服上的血迹，一副恶心欲吐的表情。

营业厅的值班经理走过来，微笑着说："这是一场防劫演习，你们的成绩都将记入实习评估表中。Linda，你很珍惜自己的生命，但是你忽视了他人的生命，你没有通过这次测试；Cathy，你不幸沦为人质，当你跑向安全门时，你不仅错失了逃生机会，还会将死亡带给你的同事。Xiao，你的行为是真正的珍视生命，是对'贪生怕死'的最好注解，你非常优异地通过了测试。希望你毕业后，来渣打银行工作。"

葬花的清洁工

秋高气爽的日子，我喜欢去家附近的公园里看书。每次在我看书的石桌周围，都会有一个30岁左右的女清洁工在打扫卫生。她一手拿着扫把，一手拿着簸箕，把游客们随手扔下的烟头纸屑扫起来，倒进附近的垃圾桶里。不知道为什么，我总觉得这个女清洁工身上有种其他清洁工身上没有的气质，比如她穿的都是普通的衣服，但却洗得干干净净，让人看起来清爽利索；比如即使是游客当着她的面扔纸屑垃圾，她也总是微笑着温和地提醒游客，然后默默地把垃圾扫起来；再比如有游客进入了草坪，她也不像其他保洁员那样对着游客大声叫喊，而总是耐心地指指旁边提示"不准踏入草坪"的牌子，让游客自己出来。

其实这也是一些平常小事，但有一天她的举动却深深地打动了我，让我觉得她确实不是个一般的人。

那天，我看书看累了，就四处瞅瞅，看见她在打扫卫生。因为正是公园里一种开花的树谢花的时候，地上除了一些果皮纸屑等垃圾，还有很多粉红、雪白的花瓣落下来。她先是用簸箕把那些果皮纸屑扫出来倒进了垃圾桶，然后又专门把那些花瓣轻轻地扫起来，并没有倒进垃圾桶，而是把它们送到了那棵花树的底下，然后从边上拿出一把小铲子，铲了一个坑，把那些花瓣小心翼翼地倒进去，再用土盖上，用脚踩平。

做这些事的时候，她是显得那么平静和平常，一边的我却按捺不住自己的好奇心。我走过去，故意问道："大姐，这些花瓣不也是垃圾吗？你干吗不直接把它们倒在垃圾桶里，而是要费心费力地埋到地下呢？"

她看着我不好意思地一笑，说："花从树上落下来也是花啊，怎么能是垃圾呢？再说了，这么漂亮的花，要是和那些垃圾倒在一起多可惜啊。"

一种很温暖的感觉从我的心底升起。我想她在埋掉这些花瓣的时候，也许没有黛玉葬花那么浪漫矫情，也没有"落红不是无情物，化作春泥更护花"那般伟大的情怀，但正是这个在她自己看来平平常常的举动，却最为真实地透露出她内心的善良和美好，才透露出她对善良和美好的追求与向往。

一个月以后，我发现这个地方换了一个更年轻的小姑娘在打扫卫生，那位大姐却没有来。于是我上前问小姑娘说："原来那位大姐呢？过去好像一直都是她负责这块儿的卫生吧？"

小姑娘看了我一眼，说："你说赵姐吧？她现在升为我们的卫生部主管了，管着全公园的卫生工作，可忙了。"

听了小姑娘的话，我会心地笑了：对工作如此认真，对游客如此友善，内心又如此美好的一个人，她的升迁是必然的事情。一个不肯把花和垃圾放在一起的人，自然也是一个不甘于平庸的人，我深深地祝福她。

无价的赝品

两军对峙。

相距数里,看得见旌旗猎猎,听得见战马嘶鸣、鼓乐号角。

将军以两万壮士对阵十万大军。

大帐外,两方叫阵的吼声排山倒海般雄壮,朔风劲吹,飞沙走石,天昏地暗。帐内,残烛下,将军屏气凝神,专心致志伏案涂墨,仿佛近在咫尺的恶战与己无关。

士兵来报——敌军距我五里路遥!

士兵又报——敌军距我两里路遥!

将军从容点完最后一笔,落下款,按上自己的玉印:"两军交战,总要有个见面礼。替我送与对方元帅。"

黑衣卫士绝尘而去,直奔对方大营。元帅接过士兵呈上的"战书",展开观看,不由得倒吸一口凉气。

是一幅画。画面上是两匹鬃毛挺立、四蹄腾空、呼啸而至的骏马。那骏马露出大义凛然、视死如归、咄咄逼人的霸气。画面上墨迹已干,唯战马的双眼墨迹如珠,晶莹剔透,在烛光下熠熠发光,寒气逼人。大战在即,能心神不乱画出如此气势骏马的将军绝非等闲之辈，此将军手下的壮士定是视死如归、以一当十的勇猛骁将。元帅收起画，下令撤兵。

将军一画退十万敌兵，一时传为佳话。将军的画从此身价陡增，成为争相收藏的珍品。

将军作画，总是在战前，在刀戟闪亮、战马嘶鸣中，画面永远是千姿百态的骏马。南征北战，转战千里，将军的画散留在大江南北。

一日，搏杀阵中，将军被冷箭射中左眼，跌下马来。将军的黑脸卫士拼死厮杀，从刀口下救出将军，自己失去了一条臂膀。将军抚着卫士空空的袖管，说："你可以提出任何要求。"黑脸卫士说："跟随将军征战十年，战役上千，只求将军伤愈后，能给我画一幅骏马图。"

将军说："我会送你一幅最好的。"

将军伤愈，战事平息，将军解甲归田，过着乡野隐士的生活。没有了战火硝烟，将军再也画不出骏马了，索性封笔。

数年后，将军旧疾复发，双目失明。

将军的画作价格猛涨。而伪作也趁机泛滥，鱼目混珠。将军当年战场作画，大多没有盖印。有得到将军画作的人，就登门请将军辨别真赝。将军虽然双目失明，却能凭双手摸出画的真伪。尤其是骏马的眼睛，将军只一搭手就验出真假。真的，补盖上自己的一方玉印，假的便付入灶膛。得将军印者乃真迹，一时间，能得一枚将军印成了收藏者梦寐以求的事。

一日，一后生求见，拿出一幅骏马图请将军鉴别。病榻上的将军只搭手一摸，便递与身边仆人，仆人接过画就要往灶膛里放，后生急呼："且慢，且慢。将军可知请求鉴画者是何方人士？"

将军："何方人士与我鉴画真假有何关系？"

后生说："我父亲就是曾伴随将军征战的黑脸卫士。"

将军身子一颤："你父亲现在可好？"

后生哭道："家父现已重病在身，可他念念不忘将军。他说将军曾经答应过赠予他一幅骏马图。我知道将军早已封笔多年，已不能再作画了。为了了却父亲的心愿，我只得购此赝品，只求将军能网开一面，盖上将军印，我也好回去告慰父亲。"

将军长叹一声："你三天后来取此画。"

将军喝退家人，三日不食不寐，闭紧屋门。

三日过后，将军将一画轴递与后生，说："一定要带给你父亲。"

后生接过画轴，叩首拜谢，告别将军。走在集市上，后生好生纳闷，难道将军真的为父亲画了一幅骏马图不成？难道将军双目失明也能作画？好奇心驱使，后生忍不住打开了画轴，他吃了一惊：还是自己拿去的那张画，画的上方有一个大大的"赝"字，旁边还盖有一枚铜钱大的红印。后生顿觉眼前灰暗，忍不住放声痛哭。

一富商经过，见后生，问起缘故，看了后生手中之画，愿出50两白银求之。后生欣喜，接过白银忍不住问："一幅赝品，先生何以出50两白银？"

富商说道："此画是赝品，但上面所题的'赝'字却是将军真迹啊。看旁边这枚将军印，定是将军新刻无疑，而印上还有人体纹络。据我判断，这枚印是将军在自己的左手大拇指甲盖上镌刻而成，所用印油是将军指上之血。真赝相对，浑然一体，此画价值连城啊！"后生方才醒悟，急匆匆赶往将军家中。

将军已气绝身亡。